澎湃城市更新丛书

THE WAY OF
城市何以
澎湃新闻 编著
更新
URBAN
REGENERATION

同济大学出版社·上海
TONGJI UNIVERSITY PRESS · SHANGHAI

图书在版编目（CIP）数据

城市何以更新 / 澎湃新闻编著 . -- 上海：同济大学出版社，2024.11. -- (澎湃城市更新丛书).
ISBN 978-7-5765-1345-5
Ⅰ．TU984.2
中国国家版本馆 CIP 数据核字第 202408EC78 号

城市何以更新
The Way of Urban Regeneration

澎湃新闻　编著

出 版 人　　金英伟
责 任 编 辑　　晁　艳
助 理 编 辑　　沈沛杉
平 面 设 计　　张　微
责 任 校 对　　徐逢乔

版　　　次　　2024 年 11 月第 1 版
印　　　次　　2025 年 7 月第 2 次印刷
印　　　刷　　上海安枫印务有限公司
开　　　本　　889mm×1194mm　1/32
印　　　张　　7
字　　　数　　251 000
书　　　号　　ISBN 978-7-5765-1345-5
定　　　价　　88.00 元
出 版 发 行　　同济大学出版社
地　　　址　　上海市杨浦区四平路 1239 号
邮 政 编 码　　200092
网　　　址　　http://www.tongjipress.com.cn
经　　　销　　全国各地新华书店

本书若有印装质量问题，请向本社发行部调换。
版权所有　侵权必究

编委会

主　　编	刘永钢	徐　香		
副 主 编	黄武锋	顾炳祥		
主　　笔	鲁　怡			
统　　筹	邓丽昀	乐佳军	刘梁彦	文若愚
	吴洁慈			
图文策划	陈　赟	冯凯燕	牛嘉良	王　斌
	吴晓馨	叶　莺	俞冰礼	俞　烨
执行策划	韩雨菲	何　静	李国柱	龙　景
	卢　佳	陆　盼	马方人	马瑶励
	潘佳育	任　杰	荣　昊	沈幸男
	宋伟佳	徐大伟	徐舒桐	杨慧米
	张　萌	张敏姬	张诺晗	张　宇
	赵慧媛	赵玮悦	周凌燕	

（以上名单根据姓氏拼音首字母排序）

目录

007 **序言** 常青

009
箴言　　凝聚城市的智识

019
简史　　城市在，更新就在

023
讲坛　　守门人与领路者

　　　　　王建国 / 王凯 / 常青 / 孟建民 / 单霁翔

055
课题　　不能忘却的当代

　　　　　城市更新背景下现当代优秀建筑价值研究

067
人物　　以创见筑入城市

　　　　　魏敦山 / 程泰宁 / 江欢成 / 汪大绥 / 唐玉恩 /
　　　　　汪孝安 / 张俊杰 / 伍江 / 牛斌 / 吴鸣 / 时筠仑

135
示范　　相信榜样的力量

杨浦滨江南段公共空间	140
南京小西湖街区保护与再生	151
黄浦区社区生活圈规划	160
景德镇陶溪川文创产业园保护更新	168
上海张园	182
雷士德工学院旧址修缮焕新	192

201
实录　　城市更新文化月

序言

常青

中国科学院院士
中国建筑学会副理事长
上海市建筑学会理事长

广义的城市更新，本是城市演进中渐进式的新陈代谢；而狭义的城市更新，则指在城市的特殊发展阶段，适应于国情、地情的快进式改良提质。一般而言，更新的对象是老旧城区和建筑物，但是对于历史记忆载体，如历史文化街区，更新与保护就成了一对相反相成的矛盾体。特别是当涉及遗产对象时，须以保护为前提，并慎提更新。

从国际上看，城市更新一般有两种途径，一为以除旧布新为主的替代性嬗变（renewal），二为以保留改良为主的适应性再生（regeneration）。西方迈入工业时代的城市更新，以19世纪中期的巴黎奥斯曼计划为代表，对中世纪以来的大部分旧城区做了除旧布新的大改造，开启了从古代转入近代的第一种更新途径。这种浸润着启蒙现代性理想的城市更新，在"二战"后的重建中达到高潮，推动了城市的再开发和建成环境的当代转型。然而到了20世纪中后期，随着城市土地开发趋于饱和，再开发成本不断攀高，"红利"大幅缩水，迈入后工业时代的西方城市更新，也从第一种途径转向了第二种，即以替代性开发为先，转变为以适应性再生为主导。

在伴随这一转变的诸多社会思潮中，最具现代性批判意义的，就是对除旧布新的历史文化代价作深度反思，从而激发了对文化遗产保护的广泛诉求。1972年联合国教科文组织颁布《保护世界文化和自然遗产公约》，掀起了全球范围的文化遗产热，将西方19世纪以来的古迹遗址保护扩大到了城市历史环境的整体保护，包括所有具文化记忆价值的保护对象。于是从西方到东方，城市更新与历史环境保护就成为城市演进中相互博弈、相反相成的一对矛盾体。

相对于西方，中国从农耕时代转向工业时代的城市更新，以古都及近代开埠城市为代表，主要可追溯到19世纪后期及20世纪上半叶，但所涉及的城市数量与更新的深度、广度都极为有限。真正摧枯拉朽式的大规模城市更新，实际上发生在20世纪改革开放之后，特别是在晚近的二三十年之间。这种激进的城市改造大潮，使大多数中国传统城市走出了农耕时代，成就可谓空前，但教训也可示后，如今正从逐新求快的新旧替代性开发，走向求稳重质的现状适应性再生。

中国语境中的"再生",本义是"修旧利废",指对保留对象的修复完形及活化利用,而不是死而复生或无中生有,更不是为风貌协调而一概拆旧建新。对城市更新而言,所谓适应性再生途径,就是对建成环境的形体空间与功能场所,进行顺应保护和对发展目标与条件的创新性重塑,可将之概括为"留、改、拆、拼"四字,具体阐释如下。

"留",是指除依法保护具法律身份的对象之外,还应尽可能多地保留具城市记忆和风貌延续价值的既有对象,包括可识读的城市历史格局、街区肌理、街廓界面及其中有故事的建成物。

"改",是指对保留对象进行改良提质,通过真实修缮,合理改建、加建及翻建,使空间更加适用、便利、舒适、安全、美观,并营造出别具一格的场所感。不仅要考虑经济和文化价值的增值,而且要切合实际考虑各消费阶层的适应力。

"拆",是指拆除违章搭建,或权衡利弊后拆除失去再利用价值的低质非保护对象。

"拼",来自西方的"拼贴城市"理论(collage city)。这里的"拼贴",可以理解为"共生",包括空间性的新旧共生和异类共生,以及社会性的功能共生和阶层共生。"拼贴"也可类比中国传统的"与古为新"思想。而上述的"新",是指与"留、改、拆"相关联的"因旧而新",而非"为新而新",对于历史城市的建成环境而言尤应如此。

总之,从国家高层到社会各界,如今的城市更新正在启动新议程,迈入新阶段,是针对错综复杂的城市问题及挑战,从优选方略、调整路径和守正创新诸方面所酝酿的长期计划和行动。一言以蔽之,城市更新的认知水平和运维能力如何提升,关系着城市的演进方向和未来命运。在城市建成环境的高质量发展,以及经济社会与人文城市的踔厉推进中,作为世界设计之都的上海,其城市更新应在全国起到引领性和示范性作用。

对此,澎湃新闻以其强大的媒体影响力,创办城市更新IP,举办年度大会、论坛、汇展,开设城市更新专题,进行长期持续的采访报道,并以年度榜单形式发布、推介和传播城市更新优秀案例。以此为基础,集结为这本《城市何以更新》出版发行,以飨广大读者。作为上海城市更新的关注者和参与者,我以为这是很有意义的城市事件,特应邀为其作序。

甲辰夏日作于沪上

箴言

凝聚城市的智识

城市是人类最深刻的集体工程。

010—018

从国家高层到社会各界，新一轮的城市更新已成为万众瞩目的发展大计，它涉及经济社会的环境、人口、资源、科技、人文等多个方面。基于这样的背景，致力于以媒体力量推动城市可持续发展的澎湃新闻，凝聚各方力量，以期勠力同"新"、众志成"城"。

2022年，澎湃城市更新专家顾问团成立，首批成员共计20位专家，其中包括中国科学院院士常青，中国工程院院士魏敦山、程泰宁、江欢成、王建国，全国工程勘察设计大师唐玉恩、汪孝安、赵元超、孙一民、钱方、桂学文、王凯、韩冬青，等等。

2023年，澎湃城市更新专家顾问团的阵容进一步扩大。新增成员包括中国工程院院士孟建民、全国工程勘察设计大师张杰。同时，还邀请了中国工程院外籍院士邓文中作为交通顾问，中国文物学会会长单霁翔作为文化顾问，国际钢琴大师郎朗作为艺术顾问，同济大学副校长娄永琪作为设计顾问，中国人民大学经济学院党委书记兼院长刘守英作为经济顾问，普利兹克奖得主汤姆·梅恩与墨菲西斯建筑事务所合伙人李宜声作为海外顾问。强大的顾问团从全球视角出发，共同推动城市更新的高质量发展。

01

"勇于革新,理性改造。保持原来的优秀传统,并将其发扬光大。城市应不断自省和更新,更好地建设国家、服务人民。"

魏敦山,中国工程院院士,全国工程勘察设计大师,华建集团上海建筑设计研究院有限公司资深总建筑师,国务院政府特殊津贴专家,获首届"梁思成建筑奖"荣誉。现任魏敦山建筑创作室主任,同济大学教授、博士生导师。

02

"回归自然。以自然·整体的思维模式,探索城市有机更新与可持续发展的内在规律。"

程泰宁,中国工程院院士,全国工程勘察设计大师,"梁思成建筑奖"获得者,东南大学建筑设计与理论研究中心主任、教授、博士生导师,筑境设计主持人。

03

"我对城市更新的理解是变化和发展,变化不忘前人,发展前瞻未来。历史保护建筑的'修旧如旧',我看重'如'字,是'如旧'而不是'回旧',在大格局上如旧,以不忘传承,但该变的还是要变,让它焕发青春,以适应当代生产生活的需求。"

江欢成,中国工程院院士,全国工程勘察设计大师,土木结构专家,中国一级注册结构工程师。原任华东建筑设计院总工程师,上海现代建筑设计集团总工程师。现任现代集团顾问总工程师,上海江欢成建筑设计有限公司董事长。英国ICE、IStructE资深会员。

04

"城市更新涉及保护对象的建控地带如何更新。就此而言,更新不是除旧布新,而是因旧创新;不是大拆大建,而是留改拆拼;不是新旧两分,而是新旧共生。这样的更新就是适应性再生,就是可持续复兴。"

常青,中国科学院院士,美国建筑师协会荣誉院士(Hon. FAIA)。现任同济大学建筑与城市规划学院教授、学术委员会主任,上海市住建委、科技委"常青专家工作室"主持建筑师。兼任中国建筑学会副理事长、上海市建筑学会理事长。

05

"因地制宜,顺势而为,创造兼具生态性及在地性的中国有机城镇发展新模式。"

王建国,中国工程院院士、东南大学教授、东南大学教学委员会主任。兼任中国建筑学会副理事长、中国城市规划学会副理事长、教育部高等学校建筑类专业教学指导委员会主任、住建部城市设计专家委员会主任、*Frontiers of Architectural Research* 主编、*Engineering* 编委等。

06

"城市更新正呈现出五大发展趋势,即从单一到复合、从均质到多元、从分散到集成、从割裂到共享、从封闭到开放。"

孟建民,中国工程院院士、全国工程勘察设计大师,教授级高级工程师。现任深圳市建筑设计研究总院有限公司首席总建筑师、深圳大学特聘教授、深圳大学本原设计研究中心主任。兼任澳门科技大学特聘教授、中国建筑学会副理事长、深圳湾超级总部基地总设计师。

07

"文明为人类提供的是方便与美。一个城市能够为市民提供足够的方便与美,就是成功!"

邓文中,美国工程院院士、中国工程院外籍院士、英国爱丁堡皇家学会外籍院士,美国土木工程师学会荣誉会员、国际著名桥梁工程大师。中国十余所大学的名誉教授。

08

"城市更新是让文化遗产有尊严的过程。有尊严的文化遗产才能成为促进经济社会发展的力量,才能惠及广大人民的现实生活。"

单霁翔,中国文物学会会长,故宫博物院学术委员会主任,研究馆员,高级建筑师,注册城市规划师。曾担任故宫博物院院长,为第十届、第十一届、第十二届全国政协委员,积极推动大运河保护与申遗、北京中轴线申遗。

09

"每座城市都有发展的原动力:文化基因、艺术细胞、历史底蕴。尊重城市自身的韵律,以文化、以艺术,奏响属于时代的华彩,向'乐'而新。"

郎朗,国际钢琴大师、慈善家、教育家,当今世界上最具影响力的艺术家之一,首位当选为联合国和平使者的中国人。

10

"城市更新中,人和人的活动是核心。城市更新并不是空间建好了,再想着往里面装内容,而是先有人,再有空间,这才是做城市更新项目的核心。"

娄永琪,同济大学副校长,瑞典皇家工程科学院院士,并作为首位华人获得英国皇家艺术学院(Royal College of Art)荣誉博士。现任中国工业设计协会副会长、全国设计专业学位研究生教育指导委员会主任委员、第八届国务院设计学学科评议组秘书长、奥地利维也纳应用艺术大学国际咨询委员主席等学术职务。

11

"立足环境、回归本源,追求建筑创作以人为本、在地性和时代性。尊重历史、精心保护、活化利用,城市更新当适应时代、长期可持续进行。"

唐玉恩,全国工程勘察设计大师,华建集团上海建筑设计研究院有限公司资深总建筑师,国务院政府特殊津贴专家。

12

"探寻每一座建筑所赖以生存的要素:共生的环境,明快的空间,内生的活力,谦和的姿态,精致的细节,适宜的技术……构成建筑持续生命力的基本价值判断。"

汪孝安,全国工程勘察设计大师,华建集团华东建筑设计研究院有限公司总建筑师,和·建筑设计工作室主持人,国家一级注册建筑师,原上海市政府参事。

13

"城市更新应以人的各种需求为中心,把人们不适应的空间环境重新整合、组合,创造多样、有趣、丰富、使人流连忘返的场所。"

赵元超,全国工程勘察设计大师,中建集团首席专家,中建西北设计研究院总建筑师。中国建筑学会常务理事、全国注册建筑师委员会委员,陕西省土木建筑学会副理事长、建筑师分会理事长,西安市规委会副主任,西安建筑科技大学博士生导师,都市中心设计总监。

14

"城市更新不是表面的层层粉饰、僵化保护。首先要思考如何弥补快速城市化中的欠账,很多旧城的基础设施还不完善,要思考在现有体系条件下,小规模渐进式推进,审慎决策并注意在制度上有所创新。"

孙一民,全国工程勘察设计大师、国家教学名师。国务院学科评议组成员、全国建筑学专业教学指导委员会副主任委员、中国城市规划学会副理事长,中国建筑学会常务理事兼城市设计分会、建筑策划与后评估专委会副主任委员,广州城市规划协会副理事长。

15

"城市更新应以人为本,因地制宜,瞻前顾后,通过传承与创新,营造兼具人文温度与时代特征的诗意宜居城市。"

桂学文,全国工程勘察设计大师,中南建筑设计院股份有限公司首席总建筑师,教授级高级建筑师。当代中国百名建筑师,中国建筑学会理事会常务理事,湖北省土木建筑学会理事长。

16

"善工利器,以趋城市更新之永续。"

钱方,全国工程勘察设计大师,中国建筑西南设计研究院有限公司总建筑师、前方工作室负责人。中国建筑学会理事,全国注册建筑师管理委员会委员,东南大学客座教授,四川省建筑学会理事长,当代百名建筑师,国务院政府特殊津贴专家,《建筑学报》编委,中国建筑勘察设计序列首席专家。

17

"以文化保护传承为引领,提升创造力、包容度、宜居宜业性,是城市更新与高质量发展的应有之义。"

张杰,全国工程勘察设计大师,清华大学建筑学院教授、博士生导师、国家遗产中心副主任,北京建筑大学建筑与城市规划学院特聘院长。首届中国建造匠心年度人物,中国首位国际古迹遗址理事会终身荣誉会员,英国皇家建筑师学会特许会员。兼任住建部科技委历史文化保护与传承专业委员会委员,中国城市规划学会副理事长,等等。

18

"城市更新是城镇化'下半场'的战略选择,顶层设计、系统施治是根本,老旧小区、历史文化街区、老工业区和城市的公共空间更新是主要抓手。"

王凯,全国工程勘察设计大师,中国城市规划设计研究院院长,教授级高级城市规划师,清华大学工学博士。兼任住建部人居环境专家委员会委员,住建部城乡建设规划标准委员会主任,中国城市规划学会副理事长,中国城市公共交通协会副理事长,中国建筑学会副理事长,国际城市与区域规划师学会(ISOCARP)会员,中国人民大学兼职教授,博士生导师。

19

"人是城市更新的灵魂所在。"

韩冬青,全国工程勘察设计大师,东南大学建筑设计研究院有限公司院长、总建筑师,东南大学建筑学院教授、博士生导师。住建部科学技术委员会建筑设计专业委员会委员,中国建筑学会常务理事,《建筑学报》编委会副主任。

20

"对优秀现当代建筑的保护在城市更新背景下成为当务之急。"

曹嘉明,中国建筑学会副理事长,中国建筑学会会刊《建筑实践》主编。国家一级注册建筑师,教授级高级工程师,上海市建筑学会名誉理事长。

21

"城市如同一个鲜活的生命体,生命体的代谢更新活动应该是细胞层面的,即小规模渐进式的,而非大规模断裂式的。"

伍江,法国建筑科学院院士,中国城市规划学会副理事长、上海市城市规划学会理事长。现任同济大学超大城市精细化治理研究院院长、同济大学—联合国可持续发展学院院长、长三角可持续发展研究院院长、上海市城市更新及其空间优化技术重点实验室主任、教育部生态化城市设计国际联合实验室主任,曾担任上海市规划和国土资源管理局副局长、同济大学常务副校长,2021年被授予法国文化部艺术与文学骑士勋章。

22

"城市是人类最深刻的集体工程。它按时间分层,呈现了不同时期的重写本。正是通过城市更新,我们有机会添加、并置历史的丰富性,以当代的能量重新激活已有的城市结构。"

汤姆·梅恩(Thom Mayne),2005年普利兹克奖得主,2013年获美国建筑师协会金奖,2009年美国总统巴拉克·奥巴马特指其为美国国家艺术人文委员会委员。墨菲西斯建筑事务所(Morphosis Architects)创始人,迄今与该事务所一起,斩获了29个前卫建筑奖项,荣膺超过120个美国建筑师协会奖项以及无数其他荣誉。

简史

作者：俞斯佳、韩璐
上海现代城市更新研究院

城市在，更新就在

城市自诞生之日，就处于更新之中。

020—022

从古罗马时期城市中心广场群改建、法国拿破仑三世时期大规模的道路拓宽与建筑改造，到我国南京、扬州、杭州等古城不断重建、改建、扩建，城市的发展自古以来便一直伴随着城市更新的活动。

随着工业革命后的城市化进程加速，社会生产力的变革令人口持续向城镇集聚，城市内部出现了大量的老旧建筑、贫民窟，面临基础设施不足的问题，传统的城市空间和功能逐渐无法满足现代化需求，因此需要对老旧城区进行改造。当大多数人可以离开乡村土地，选择在城市生活，规模化的城市更新便接踵而至。

从全球城镇化先发典型国家的发展历程看，当城镇化率达到60%左右，社会矛盾和问题会在城市集中凸显。这一时期，制定实施相应的政策举措和行动计划，着力解决环境污染、公共卫生、住房建设、功能优化等城市内部的结构化问题是当务之急。

1870年左右，英国城镇化率达到60%，面临环境污染、住房短缺、公共卫生等城市问题，于是展开行动计划，通过《消除污害法》《公共卫生法》《工人住房法》致力于治理环境、建设可租赁住房、完善卫生设施、发展交通等；1949年左右，美国城镇化率达到60%，暴露出交通、环境、社会公平等一系列"城市病"，于是从1960年代开始实施模范城市计划，引入公共项目和福利项目，通过政府补贴解决教育、医疗、就业和公共安全等问题；1960年左右，日本城镇化率达到60%，东京等大城市出现功能集聚、过度拥挤等问题，后出台"第一次首都圈基本计划"，设置绿化带以抑制城市无序蔓延扩张，限制东京城市内新增工厂和大学，在周边建立卫星城疏解中心城区人口及产业。

| 1987 | 1999 | 2000 | 2016 | 2021 | 2023 |

1999

城市复兴任务小组（Urban Task Force）由建筑师理查德·罗杰斯（Richard Rogers）领导，1999年发布了一份重要报告《城市复兴：为英国城市复兴所做的最终报告》（Towards an Urban Renaissance）。该小组，旨在为英国城市的复兴战略，主张通过高质量的可持续发展的规划、公共改善和社区的重建来振兴特别是城市中心。这一战略国以及其他国家的城市政了深远影响。

2000

《城市更新手册》提出：城市更新的定义是引导城市的解决，持续改善亟待发展的经济、物质、社会和环境的综合协调和统筹兼顾的目的。"

2016

我国经济在经历了40年的高速发展之后，由粗放型的城市建设和经济发展向存量型内涵式增长转变。2009—2016年期间，在土地资源瓶颈和产业转型的双重压力下，深圳、上海、广州三地分别颁布了《城市更新实施办法》，开展了城市更新制度探索与实践，为破解现代城市更新难题先行先试。

2021

3月，"城市更新"首次写入政府工作报告，《中华人民共和国国民经济和社会发展第十四个五年规划和2035年远景目标纲要》将"城市更新"提升至国家战略层面，并在全国范围内正式全面展开。《中共中央关于制定国民经济和社会发展第十四个五年规划和二〇三五年远景目标的建议》提出：实施城市更新行动，推进城市生态修复、功能完善工程，统筹城市规划、建设、管理，合理确定城市规模、人口密度、空间结构，促进大中小城市和小城镇协调发展。

8月，住房和城乡建设部正式发布《关于在实施城市更新行动中防止大拆大建问题的通知》，明确城市更新底线要求。通知提出严格控制大规模拆除、增建、搬迁，保留利用既有建筑，保持老城格局尺度，延续城市特色风貌。

2023

住房和城乡建设部印发《关于扎实有序推进城市更新工作的通知》。为了提高城市规划、建设、治理水平，推动城市高质量发展，该通知明确了五个方面的要求：坚持城市体检先行、发挥城市更新规划的统筹作用、加强精细化城市设计引导、创新城市更新可持续实施模式、明确城市更新的底线要求。

1969　　　1970　　　1974　　　1977　　　　　　1984

阶段三

阶段三

多维复兴阶段

根据不同地区的社会、政治、经济、文化、环境等各方面，多维度开展城市更新实践的工作。

1984

中国科学院和中国工程院两院院士吴良镛首次提出"城市有机更新"理论，他认为从城市到建筑、从整体到局部，都如同生物体一样是有机联系、和谐共处的。他主张城市建设应该按照城市内在的秩序和规律，顺应城市的肌理，采用适当的规模、合理的尺度，依据改造的内容和要求妥善处理关系，在可持续发展的基础上探求城市的更新发展，从而恢复有机秩序。

1987

德国修订和重新编纂了《建设法典》，规定了城市更新应当遵循的基本原则、各方参与主体的权利义务和程序，明确了城市更新过程的具体步骤。该法典详细规定了城市更新区的准备、确立、更新区规划的编制和实施等内容，尤其对于各环节中的公众参与有明确规范。同年，在德国国际建筑展（IBA）上，展会负责人约瑟夫·保罗·克莱胡斯（Josef Paul Kleihues）提出"城市的批判性重建"（Kritischen Rekonstruktion der Stadt），强调应该在考虑现代生活要求的基础上进行城市重建。

城市更新简史
时间轴

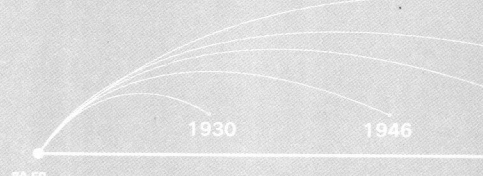

1930　　1946

阶段一

阶段一
战后消除贫民窟阶段

以消除贫民窟，修复城市中的破败建筑，提升城市形象为主要导向的重建。

1930

英国政府颁布了《格林伍德住宅法》，作为世界上第一个实现工业化和城市化的国家，英国率先以正式法案的形式开启了城市更新。该法案采用"建造独院住宅"和"最低标准住房"相结合的办法，要求地方政府提出消除贫民窟的5年计划。

1946

日本经历了大规模的战后重建，1946年的《城市规划法》是日本早期城市更新的法律依据，主要针对战后城市的重建和发展。

1949

德国城市战后受损严重，进行了大规模重建。1949年通过的《联邦建设法》为战后城市的重建提供了法律依据。这一时期的城市更新以恢复基础设施和住房建设为主。

美国《1949年住宅法》（The Housing Act of 1949）提出"城市再开发"（urban redevelopment），制定了面向全国的城市更新方案，旨在清理和重建贫民窟，并提出了详细的资金方案。该法案标志着城市更新运动在美国的正式开始。

1954

美国《1954年住宅法 Housing Act of 1954》正式使用"城市重建" renewal）概念来描述窟和颓败区域的住宅改此后，城市更新开始成统性和政策性的城市发

1958

荷兰海牙市召开的第一新研讨会，首次对城市论概念进行了阐述："市的人……对于自己所修理改造，街道、公园不良住宅区的清除等改善，特别是对于土地利用或地域地区的完善，以及都市计划的实施，旨在的生活、美丽的市容等，这些有关城市改善的建就是城市更新。"

1949　　　1954　　　1958　　　　　1964　　　1967

阶段二

阶段二
制度完善阶段

城市更新由解决单一问题向多元目标转变，在推动历史遗产保护、提供社会支持、提升生活质量、促进经济发展、修复生态环境等方面综合更新。

1967

法国分别出台《1967年土地指导法》和《1971年贫民区改造法》等一系列城市更新相关法律，为保护历史文化遗产和提升城市生活质量提供了法律框架。

1970

英国为应对"……"开始转向"城市……regeneration……台了如《1974……法》和《1990……等法律，推动了……市更新，包括……善、环境修复等……

1964

美国推动的"大社会"计划包括了一系列旨在减少贫困、改善住房和促进城市复兴的政策。在这一框架下，"城市振兴"（urban revitalization）作为政策方向开始在贫困社区和老工业区改造中得到广泛应用。此后，诸如《国家历史保护法》（1966年）和《公平住房法》（1968年）等法律的出台，也促使城市更新向保护性改造和公平性发展方向演进。

1969

日本出台《都市再开发法》，成立了全国再开发协会，旨在合理利用城市土地，更新城市功能。该法将城市重建的目标界定为：提供舒适便捷的城市环境、预防城市灾害、提供优质的城市住宅单位、整合提供公共设施。该法规定了在启动重建项目时必须征得土地所有者三分之二的同意，并允许采取权利转换和收购两种方式获取土地。

1974

美国出台《住房……标志着城市更新……保护和居民的参……

1977

英国《内政策……市更新是一种……的方式，涉及……政治与物质环境……

（左侧残留文字）
》（The……中第一次……（urban……市贫民……造行动。……为一种系……策略。

次城市更……新的理……活在都……房屋的……绿地，……境的改……的形态……大规模……成舒适……所有……活动，

2021年,中国城镇化率达到64.72%,城市更新首次被写入政府工作报告,《中华人民共和国国民经济和社会发展第十四个五年规划和2035年远景目标纲要》明确提出"实施城市更新行动"。

城市更新概念在历史发展中延伸出诸多术语,城市重建(urban renewal)、城市再开发(urban redevelopment)、城市复兴(urban renaissance)、城市振兴(urban revitalization)、城市更新(urban regeneration)等。不同术语标志着特定时代、社会背景下城市更新的不同侧重和目标,城市更新的内涵也从单一走向综合、多元。更新法规的出台通常标志着社会、经济和环境的变化,也推动了城市更新实践朝着更加规范化和系统化的方向发展。

这场城市发展的伟大转型,符合世界城市发展的客观规律及人民日益增长的美好生活需要。在日新月异的发展中,对更新的认知、规划、行动,乃至其定义、范畴、对象,也在持续更新中。

参考文献

[1] 丁凡,伍江. 城市更新相关概念的演进及在当今的现实意义 [J]. 城市规划学刊,2017(11):87–95.

[2] 董玛力,陈田,王丽艳. 西方城市更新发展历程和政策演变 [J]. 人文地理,2009(10):42–46.

[3] 唐燕,杨东,祝贺. 城市更新制度建设:广州、深圳、上海的比较 [M]. 北京:清华大学出版社,2019.

讲坛

守门人与领路者

守住历史、文化、生态底线,引领更高层次的城市发展。

024—054

中国工程院院士王建国：
从"自然中的城市"到"城市中的自然"

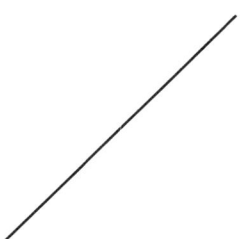

从"自然中的城市"到"城市中的自然"是城市化进程的历史宿命。

在2022澎湃城市更新大会上，中国工程院院士、东南大学教授王建国以"从'自然中的城市'到'城市中的自然'——人地共生的城市设计"为题发表演讲，并提出关于城市更新的核心观点：从"自然中的城市"到"城市中的自然"是城市化进程的历史宿命。

象天法地、因地制宜、顺势而为，城市发展"因天材，就地利"的规划思想在今天并没有过时，必须倡导绿色城市设计"生态优先"和"公园城市"的建设理念。对于已具有一定规模的城市，应该按照生态、游憩和景观要求来经营规划"城市中的自然"，而对于较小规模的城市（镇），则须尽量考虑保护和维持"自然中的城市"的可能性，例如发展公园城市、山水城市等。

中国已经进入生态文明建设新时期，"双碳"目标也已明确提出，公园城市、山水城市与田园城市等模式可以"在地性"地适时运用，积极创造基于东方自然特性的、多样性的中国有机城镇发展模式。

从村庄聚落演进而来,早期城市于自然中生长

"人类学和考古学上所说的人类社会进化过程,即由以亲属关系为基础的无文字的小型农村发展为复杂社会结构,进入文明的大型都市中心的过程。"王建国院士援引考古学家戈登·柴尔德(V. Gordon Childe)的观点,阐释城市聚落由村庄聚落演进而来,他同时引用路易斯·芒福德(Lewis Mumford)在《城市发展史:起源、演变和前景》

中关于城市起源的研究结论,进一步阐释城市于村庄中孕育:"城市的胚胎构造早已存在于村庄之中。房舍、圣祠、蓄水池、公共道路、集会场所(此时尚未形成专门化的集市)——这一切最初都形成于村庄环境之中,各种发明和有机分化都从这里开始,后来逐渐发展成城市的复杂结构。城墙也可能是从古代村庄用以防御野兽侵袭的栅栏或土岗演变而来的。"

从穴居野外到筑室成居,人类经历了百万年的漫长过程。村庄是人们以自然资源为生产对象形成的聚居点,是人类适应自然条件和发展的必然追求。早期聚落都是依山而建、逐水而居。王建国院士以我国常熟古城和意大利锡耶纳为例,证实前工业时代城市发展总体呈现为一个持续修补的渐进过程,并与自然保持着良好的共生关系。

常熟古城于唐武德年间始迁至虞山脚下,形成最早的城市格局。后随着军事防御需求扩张,渐渐将城市扩展至虞山东麓,将其纳入城池之中。元末明初,又腾山筑城墙,故有"七溪流水皆通海,十里青山半入城"的城市形胜美誉。锡耶纳则建在阿尔西亚和阿尔瑟河河谷之间,位于基安蒂山三座小山的交会处。古城的规划以三山交会的贝

壳状坎波广场为中心,与周边自然景观融为一体。

从起源上追溯,城市与自然具有与生俱来的亲密关系。王建国院士介绍,一些学者在描述城市时,提出了三种可能的范式:自然中的城市,体现为有机秩序的现代载体;自然秩序与人为驾驭等量齐观的城市,体现为宇宙模型的载体;城市中的自然,即人类驾驭世界后对自然的觉醒,表现为功能机器的载体。

自然中的城市,有机秩序的现代载体

王建国院士表示,自然中的城市体现了城市聚落发展历史最悠久的一种传统,即城市布局和建设对于自由要素和生物气候条件的敏感回应。有机、复杂多变的城市空间正是城市作为有机秩序载体的体现。古今中外,前工业社会中大量城镇均因地制宜建造起理想城镇家园,并保存了农业村庄最初的一些聚落原型。

对于自然中的城市,很多学者进行了探索研究。例如,霍华德(Ebenezer Howard)在1898年出版的《明日的田园城市》中,针对大城市蔓延发展弊病提出"田园城市"(Garden City)的概念。霍华德从城市最佳规模分析入手,通过城乡规划结合的基本思路,提出"城乡磁体"概念。认为建设理想的城市,应兼具城与乡二者的优点,并使城市社区与乡村生活像磁体那样互相吸引,城市与城市之间均留有农业用地作为绿地。

"大城市不能越发展越大,像摊大饼那样发展,应该通过城镇的体系共同完成城市的扩大。"王建国院士介绍,为了实现其构想,霍华德发起了田园城市协会,并于1903年在距离伦敦56千米处兴建了第一座田园城市——莱奇沃思(Letchworth),1919年又在伦敦以北33.6千米处兴建了韦林(Welwyn)。尽管"田园城市"因为种种原因并未大范围推广,但其城市疏散原理却与后来的"大伦敦规划"和"卫星城"规划模式有着一定的联系。此外,除了在美国的一些城市曾付诸实践,近年来中国很多城市也对田园城市模式予以借鉴。

事实上,从人居环境到城市打造,中国很早便具备自然、有机的建设理念。两千多年前,《管子·五行》提出"天人合一"的建设理念:"人与天调,然后天地之美生";与此同时,《管子·乘马》提出:"凡立国都,非于大山之下,必于广川之上,高毋近旱而水用足,下毋近水而沟防省。因天材,就地利。故城郭不必中规矩,道路不必中准绳。"

王建国院士将这些营建智慧归纳为中国式"有机城市",即城市建设选址要因地制宜,地势要高低适度,水源要满足生活和城壕用水,同时又要避免洪涝之患。他以具体案例进一步阐释"天人合一"理念在现代生活的延续:被称为"中国最具魅力小镇"的青岩古镇,巧妙利用基地地形,进行了富有诗意且有节制的建设,使城市掩映在绿树青山之中,有机而自然。

自然秩序与人为驾驭等量齐观的城市,宇宙模型的映射载体

城镇都依从自然环境条件的共同法则,各大文明城邑的修建实为同源的说法已为多数学者所认可。原始宗教也曾经成为主导的文化形式,依据自然和天象的"占卜"而"作邑"。中国的"风水"学说和古罗马建城的"守护神"建制,就是与宇宙世界相关的具体的建城仪式。

王建国院士表示,北京便是以宇宙的模式建起来的城市,体现了人工秩序与自然秩序的等量齐观。从格局上,北京以《考工记》王城形制为原型,从永定门到钟鼓楼,中间经过紫禁城,总长 7.8 千米的中轴线,体现了城市的人工秩序;与此同时,三海水系则体现了自然秩序对古城格局的影响,南边是皇家园囿,东边有运河水系,北边靠

着燕山山脉，使古城与自然紧密相连。

城市中的自然，功能机器的载体

工业革命后，现代城市规模急剧扩张，效率和经济优先，人为秩序逐渐驾驭自然秩序，这是城市发展向"城市中的自然"演进的转折点。在快速城市化进程中，城市建设发展遇到了前所未有的问题和挑战。王建国院士表示，现代城市规划、风景园林学和城市设计的发展，与应对和整治现代城市的"城市病"密切相关。

"工业革命之后，城市的发展速度变得越来越快，新的交通方式、新的生产方式涌现，生产关系发生了很大的变化。城市第一次出现了许多新功能，如证券交易所、银行等各种农耕时代没有的功能，城市的集聚性得到显著增强，但同时和农耕社会发生了很多冲突。"王建国院士以伦敦、柏林为例，阐述了工业时代来临后，从"自然中的城市"向"城市中的自然"的演进过程。这两个最初滨水而建的小型城市聚落，伴随工业化发展，城市规模迅速扩大，很多公园开始建设，意味着在城市内部建设自然的概念逐渐形成。王建国院士指出，纽约中央公园的兴建正是为了解决城市扩张后，周末去哪儿可以看到自然这一问题。

"城市的环境观是城市设计的一项基本要素。自文艺复兴以来，城镇规划设计所表达的环境观，除少数例外，大都与乌托邦理想有关，而非与城市形态的决定者——自然过程相关。"

王建国院士表示，很多大师对工业时代以来城市与生态系统的冲突，甚至对生态系统的破坏，进行了反思和探索。例如，麦克哈格（McHarg）强调生态系统承载人类活动的能力是有限的，人们要顺应自然而非与之为敌，在《设计结合自然》一书中，他表示，新城市形态绝大多数来自我们对自然演化过程的理解和反应；勒·柯布西耶（Le

Corbusier)规划的印度昌迪加尔,是现代主义建筑大师规划的"城市中的自然",在规划结构上优先考虑了绿地系统和交通网格体系;荷夫(M. Hough)在《城市形态及其自然过程》中提出,必须重新审视目前城市形态构成的基础,用生态学的视角去重新发掘我们日常生活场所的内在品质和特性。

2020年9月,中国正式提出"双碳"目标,进入了生态文明建设的新起点;2022年8月,联合国大会通过了一项关于环境健康的决议,强调享有清洁、健康和可持续的环境是一项基本的人权。"这就提出了我们今天讲的绿色城市设计的话题。"王建国院士总结,今天的生态文明建设理念、"公园城市"模式、"山水林田湖草沙"的"N规合一"等,都是城市发展底线的基石。

如何使规划设计和建设具有环境伦理的善意?王建国院士最后提出两个观点:一是要使"城市中的自然"最大可能地去表达生态、景观、场地自然进程的特性,并努力改善甚至部分重新开启生态过程;二是在开展新城或者新区建设时,应该在布局"城市中的自然"的同时,优先考虑"自然中的城市(片区)"的可能性。

全国工程勘察设计大师王凯：
城市更新是城镇化"下半场"的战略选择

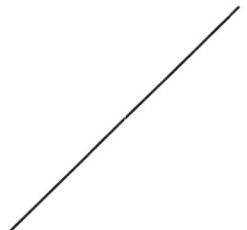

顶层设计、系统施治是根本，老旧小区、历史文化街区、老工业区和城市的公共空间更新是主要抓手。

在 2022 澎湃城市更新大会上，全国工程勘察设计大师、中国城市规划设计研究院院长王凯以"城市更新：新时期城市发展的战略选择"为题发表演讲，阐释城市更新的背景与政策、理论与方法、案例与启示。

随着城镇化进入"下半场"，经济社会发展动力发生变化，新的社会发展需要涌现，城市更新成为新时期发展的战略选择；新时期城市更新的技术体系具备整体性的特点，而城市更新的核心目标仍然以人民为中心；新时期的城市更新首先要服务人民，提高发展质量，要适应城市发展新的需要，建立全新流程的工作体系，同时保障城市更新的可持续性，并建立良好的资金渠道。

城市更新重大战略的背景与政策

我国城镇化进入"下半场",是"十四五"规划明确提出"实施城市更新行动"的背景之一。改革开放以来,我国经历了世界历史上规模最大、速度最快的城镇化进程,仅用40多年时间就走完了发达国家近300年的城镇化道路。7亿农民进城,400多座城市新建,创造了世界城市发展史上的奇迹。"2020年,我国城镇化率达到63.89%,进入到城镇化的'下半场',城市社会结构、生产生活方式和整体治理体系发生了重大变化。近10年来,人口从农村向城市的普遍流动转变为人口在不同区域、不同城市之间流动,城市规模有增也有减,城市发展进入结构性调整新时期。"结合英国、美国、日本等典型发达国家城市发展的历史进程,王凯指出,城镇化率达到60%时,相当于城市在社会发展当中处于主导地位的时候,城市自身的结构性问题会逐步凸显,公共卫生、住房建设、功能优化成为城市决策者、建设者、规划者要解决的突出问题。

我国经济社会发展动力发生变化,是"实施城市更新行动"的背景之二。王凯从住房总量、高房价高地价预期、货币工具三者均接近或遇到"天花板"来阐释,以往房地产驱动的城市开发建设方式已近尾声,推动城镇老旧城区改造、设施补短板是新时期我国扩大内需的有效途径。老旧小区现存规模大,涉及人口多,任务重。各地上报需要改造的老旧小区共17万个,占全国小区总数的60%以上,涉及住户超过4200万户。近年来,住房和城乡建设部积极推进城镇老旧小区改造工程,科学编制改造规划和年度改造计划,有序组织实施,力争在"十四五"期末基本完成2000年前建成的需改造城镇老旧小区的改造任务。"初步预算,'十四五'时期城镇老旧小区改造可拉动投资和消费约5.8万亿元,新市民租赁用房约10.8万亿元,城市基础设施约3万亿元。"王凯表示,城市老旧小区改造既是民生工程,又是发展工程。

新的社会发展需要,是"实施城市更新行动"的背景之三。党的十九大报告提出,我国社会主要矛盾已经转化为人民日益增长的美好生活需要和不平衡不充分的发展之间的矛盾。王凯从生活水平变化、人的需求变化、人口结构变化三个方面，阐释了社会新矛盾和消费新趋势，这些新变化正在驱动城市发展转型。生活水平方面，中等收入群体在2025年预计将达到5亿至6亿人，有望超越美国位列全球第一；人的需求方面，国民"更有钱"和"更有闲"，正经历全方位的消费升级，对生态产品的需求更为迫切；人口结构方面，2020年60岁以上的人口已经超过2亿，预计到2035年后，我国将进入超老龄化社会（65岁以上老人占比超过20%）。

新时期发展的战略选择，是"实施城市更新行动"的背景之四。"2020年12月，党的十九届五中全会通过的《中共中央关于制定国民经济和社会发展第十四个五年规划和二〇三五年远景目标的建议》提出'推进以人为核心的新型城镇化'，第一个主题句就是'实施城市更新行动'，这和我前面讲的大的时代背景——中国城镇化发展阶段是紧密结合的。"王凯表示，实施城市更新行动，推动结构优化和品质提升，转变城市开发建设方式，对全面提升城市发展质量、不断满足人民群众日益增长的美好生活需要、促进经济社会持续健康发展，具有深远的意义。2021年，"十四五"规划进一步明确提出"城市更新行动"的具体要求，主要包括：完善城市空间结构；实施城市生态修复和功能完善工程；强化历史文化保护，塑造城市风貌；加强居住社区建设；推进新型城市基础设施建设；加强城镇老旧小区改造；增强城市防洪排涝能力；推进以县城为重要载体的城镇化建设。

结合"实施城市更新行动"的任务体系，王凯表示，城市更新并非新兴，西方在第二次世界大战以后已经经历了大规模的更新阶段。同样，中国建筑学会建筑改造和城市更新专业委员会也已成立多年。"但是今天谈更新，和30年前、40年前谈还是不一样。时代背景、发展要求，以及在政策、投资、发展和空间结构优化等多个角度上都有新的内涵和更高的要求。"

理论与方法：落实到以人民为中心的发展目标

"城市更新是城镇化中后期的必然选择。"王凯表示，城镇化的发展是有拐点的。城镇化水平大致在10%~30%之间时，是城市问题隐性阶段；城镇化水平大致在30%~50%之间时，是城市问题显性阶段；城镇化水平大致在50%~70%之间时，是城市问题发作阶段；城镇化水平超过70%之后，是城市问题康复阶段。城市更新与城镇化的发展阶段紧密相关。此外，从国际视角看，关于城市更新的理论也在不断演进：欧洲曾经历大量的拆改，很多早期的一代、二代建筑师提出城市重建，到后来的城市复兴、城市改造、城市再开发，现在更多讨论的是城市再生。总的来讲，对城市的认识正逐步走向渐进、复杂、多元，并不断提升。

从国际视野出发，王凯分享了三个城市更新案例。纽约高线公园，经历了1950年代的繁荣期、1970年代的污染期、2000年代的衰落期，在复兴过程中，对于废弃铁路是否拆除曾经引起争议，但最终在保留的基础上打造了一个有绿地和开放空间的公园，两侧的物业、商业价值得到了显著提升，实现了从衰败到复兴的转变，是历史资源再生的成功案例；波士顿"大开挖"项目，将原本割裂老城区与滨海地带的高架桥"埋"入地下，推动市民出行方式的转变，带动了周边绿色空间的建设，原本的阻隔通过空间缝合变成了纽带；首尔清溪川，在城市快速发展及扩张的背景下曾被填埋并修建成道路，但到2000年进行了城市更新，恢复了河流，同时恢复了两边的一些传统节庆活动和市民交流的场所，既提高了城市防洪能力，又带动了沿线的产业发展。

"这一轮的城市更新是一项系统性、整体性、全局性的工作。首先，城市发展已由大规模增量建设转为存量体制改造和增量结构调整并重的阶段；其次，关注重点从'有没有'转变为'好不好'。随着我国社会主要矛盾的变化，人民群众对更好的居住条件、更优美的生活环境、更完善的公共服务等充满期待。"

因此，新一轮城市更新总体目标，既要补短板，更要提高品质。要建设宜居城市、绿色城市、韧性城市、智慧城市和人文城市，不断提升城市人居环境质量、人民生活质量和城市竞争力，走出一条具有中国特色的城市发展道路。

根据住房和城乡建设部发布，新时期城市更新内涵包括健全体系、优化布局、完善功能、管控底线、提升品质、提高效能、转变方式七大方面，包括城市规划、建设、管理、运维全过程。王凯总结，城市更新最终还是应落实到以人民为中心的发展目标。

案例与启示：服务人民、适应新时代、保障可持续

从旧区改造、环境整治到2016年"生态修复、城市修补"的双修工作以及老旧小区改造，我国在过去的几十年间步履不停地进行城市更新实践，涌现了上海新天地、北京798、苏州平江路等项目。王凯将当前的城市更新实践按空间分为四类，即老旧小区改造、历史文化名城与街区更新、滨水与公共空间品质提升、老工业区改造，并结合具体案例一一分析。

老旧小区改造方面，王凯强调，这不仅是民生工程、发展工程，更是共建共治共享社会治理的重要抓手。他对老旧小区改造的认识经历了一个渐进的过程，从最早的惠民生、促消费、拉投资，逐步上升到提升城市品质、促进城市发展转型的关键切入点，并越来越意识到它是提高基层治理能力的重要方面。他提到了北京劲松和月坛街道真武庙两个旧小区改造案例：前者动员群众共建机制，实现了社区居民全程参与，自主选择改造内容，探索出"劲松模式"；后者则采取"租赁置换"的更新模式，在北京四、五环选择有养老设施的房子和老城区的房子做对调，再将收回的老房子按照年轻人的需求改造和出租，有效解决了"出、入、痛、盈、促"的问题。王凯强调，老旧小区改造不是独角戏，而是交响曲，需要多方共同缔造。同时，他也提出这是一项长期工作，目前政策主要针对2000年以前的住宅区，但改造完成以后，接下来将是2005年、

2010年以前的住宅区面临改造，等这些也改造完了，又会有新的一批。因为社会在不断向前发展，居住区也需要经历多轮改造，这需要长期谋划，无法一蹴而就。

历史文化名城与街区更新方面，王凯以江西永新与北京东城区崇雍大街为代表案例。其中，"永新古城保护更新规划设计"由中国城市规划设计研究院完成，提出"因山为屏、理水塑城、依势筑城、修文荣城、聚市修城、地标识城"的"营城六法"，使古城越来越有吸引力。作为外出打工大省的江西，通过古城复兴吸引了年轻人的回归。

滨水与公共空间品质提升方面，王凯以上海"一江一河"为案例，阐释城市更新行动如何具体提升百姓的生活质量：通过步行道的营造，脚下的感觉好了；通过历史文化的改造，眼前的感觉好了；通过休息设施的营造，手边的感觉好了。城市更新，特别是公共空间的营造，能够让人们更直观地感受到城市生活水平的提高。

老工业区改造方面，王凯以景德镇陶溪川更新改造为案例。该项目利用宇宙瓷厂工业场景，植入适应年轻人的文化业态，定期举办文化活动，打造陶溪川IP，从而提高了社会影响力。

王凯最后强调："新时期的城市更新首先还是服务人民，提高发展质量的'大更新'；城市更新要适应城市发展新的需要，建立全新流程的工作体系；要保障城市更新的可持续，需要建立良好的资金渠道。"

中国科学院院士常青：
再生，城市更新的适应性途径

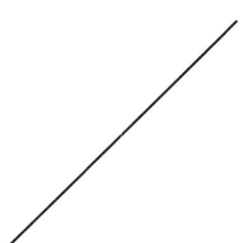

城市更新的运维水平和认知能力如何提升，关系着城市的演进方向和未来命运。

在2022、2023澎湃城市更新大会上，中国科学院院士、同济大学建筑与城市规划学院教授常青分别以"城市更新与历史建成环境再生"和"再生：城市更新的适应性途径"为题发表演讲，并提出关于城市更新的核心观点：城市更新的运维水平和认知能力如何提升，关系着城市的演进方向和未来命运，关系着城市建成环境的高质量发展，关系着经济社会及人文城市的全面复兴。

常青教授指出，更新不仅是外在的变旧为新 (renewal)，也需要内在的活化为新；不是大拆大建为新，而是留改拆拼为新。对于城市的历史建成环境 (historic built environment)，他特别强调更新即再生，不是除旧为新，而是与古为新，也就是新旧共生，和而不同，可类比西方的拼贴思维 (collage)。他进一步指出，目前城市更新中的复杂性与矛盾性，许多都与历史建成环境及其建成遗产 (built heritage) 的命运有关，去留之间，矛盾重重，甚至已成为城市发展的一大瓶颈。

探寻"修旧利废""提质活化"的再生之道

"历史建成环境不仅包括各种物质的实体空间,也承载着集体记忆、文化风俗、节庆仪式、匠作谱系等非物态的'文化空间',二者形意交融,可被称为'文化场所'(cultural place)。城市中的历史文化街区、历史地段就是典型的文化场所。"

在2022澎湃城市更新大会主题演讲现场,常青表示,经过18—19世纪的大规模旧城改造,许多西方古城的原有风貌早已大变。如今日所见巴黎城,其大部分肌理和建筑都是19世纪中叶以来,经奥斯曼计划改造后融合新古典、浪漫古典、新艺术运动等风格的产物。然而,对于大多数中国古城而言,由于工业化和城市化起步大大滞后,它们与西方历史建成环境在文明演进上存在着"阶差"。

"西方从18世纪的工业革命起,已经开始城镇化了,比我们早至少150~200年,这导致了一个阶段的差异,我们称之为'阶差'。这个阶差就意味着西方的历史遗产与建成环境和我们不一样。当然,这里面有例外,比如说上海等城市的确存在一批像西方那样的历史建成环境。但中国以风土聚落为本体的建成环境是基于农耕文化的,如何改造这些农耕的遗产,才是我们面临的最大问题。因此,我们不能把西方经验照搬过来。比如,基于西方废墟问题而制定的《雅典宪章》《威尼斯宪章》等原则,我们搬过来显然是不合适的。我们在文明的进化当中和西方是有阶差的,我们要走自己的路,就得按自己的国情和地情来进行更新。"

以一个多世纪前以农耕聚落为基础的中国古城为例，他们经过摧枯拉朽式的改造更新，大多发生巨变，历史风貌可以说是残剩无多，显得弥足珍贵。常青表示，对于城市中尚存的历史建成环境，不应泛提"更新"，而是要探寻"修旧利废""提质活化"的再生之道，以防城市的历史记忆载体和可识别性彻底消失。

1980年代开始的中国旧城改造运动，与西方第二次世界大战后到1960年代的旧城改造在改造对象上有很大不同。西方主要改造的是工业化前期的旧城，而中国则主要聚焦于农耕时代遗留的古城，以及少部分早期工业化时期建造的旧城。因此，两者在规模、力度和难度上都不可同日而语。受限于当时的认知水平和经济社会条件，中国大部分古城的历史风貌已被品质不高的现代城市形态所替代。这导致了一系列遗留问题，如棚改、城中村改造、低质现代建筑的改良等，这些已成为当下城市更新的焦点问题，甚至成为城市发展的瓶颈。

新旧并置的更新思路

1925年，勒·柯布西耶在他的《都市规划》中提出，城市的现代结构与历史结构应当完全分开。前者指的是在大规模拆除旧城区后新建的城区，后者是作为"历史中心"被隔离式保护的小片历史保护区。而所谓"历史中心"，则是代表国家或城市身份和特性的历史纪念地标及其环境。这一理念也在1933年由他主导的《雅典宪章》中有所体现，如保护历史纪念建筑及其环境，确保它们不被城市干道穿越，不妨碍新城区发展，并拆改其周边的贫民窟等。尽管这样的历史环境概念受到时代局限，但其涵义却是明晰的。

在演讲现场，常青播放了巴黎与苏州的鸟瞰图，对比两座城市在发展过程中对"现代"与"历史"关系的处理方式。

法国在 1943 年颁布了《历史纪念物周边环境法》，对 1913 年颁布的《历史纪念物法》所保护的对象周边 500 米范围严加管控，包括保持空间特性、修缮相邻建筑和整饬植被景观等。常青表示，这可以说是"历史中心"保护的法律化，涉及以历史纪念物为核心的历史环境，比如针对塞纳河两岸的历史纪念性地标群及其环境保护，对周边新建构筑物有极其严苛的限制。当然也有例外，如建于 1973 年的蒙巴纳斯大楼（Montparnasse），高 209 米，其突兀和孑立的窘态，一直遭到各界的诟病。

"中国的历史文化名城是以国家法规形式认定的历史环境最大单位，虽在 40 年前已首批颁布，多包含两个以上的历史文化街区，但有一部分却达不到这个基本要求，甚至存在老城区内历史文化街区无一幸存的'历史文化名城'。这些城市的历史地望意义远大于其历史环境价值，成为'后名城时代'的尴尬现象。"

常青表示，无论是出于被动还是主动、政策法规还是价值坚守、公众利益还是市场谋划，各地都在维持古城格局与功能提升、保护修复与活化利用、古迹存真与新旧共生诸方面艰难摸索，积累了一些新旧共生的有益经验。以苏州古城为例，经过半个多世纪的数次除旧布新，如 1950 年代的拆城填壕、1960—1990 年代的几次街区拆迁改造，苏州已今非昔比。然而，它仍完整保留了城郊的山水格局和城中的古建园林，以及部分古城街区的历史结构，对街区构成要素如肌理、尺度和高度均进行了有效的管控。从姑苏区的历史街区现况看，古迹、仿古和新中式的新旧共生，呈现了另一种保留文化记忆的拼贴风貌。

由国内外案例看再生路径

如何实现再生目标？美国著名景观设计大师劳伦斯·哈普林（Lawrence Halprin），早在 1960 年代就提出了建成环境的再生思想——建筑再循环理念（building-recycling）。该理念强调在保留建筑物形体空间的前提下，通过置换、活化其功能，改善、提升其景观品质。他设计的旧金山渔人码头吉拉德里广场旧工厂改造，开建成环境再循环风气之先河，对全球城市旧区更新产生了划时代的影响力。

建成环境的再循环理念和实践在1970至1980年代盛行欧美，涌现了纽约SOHO区的铸铁厂房、巴黎左岸的奥赛火车站、维也纳的煤气罐群，以及鲁尔工业区等再生案例。进入21世纪以来，北京的798电子工业区、上海新天地对石库门的活化再生、以江南造船厂等旧工业区为基础的2010上海世博园，以及深圳华侨城创意园区等，都是受这一理念影响的中国案例。

从这一理念出发，常青梳理并展示了一系列再生的探索：

其一是"整上与扩下"，代表案例是法国巴黎的104艺术中心。该项目对一片由屠宰场改为殡仪馆的百年建筑群进行了原址保留的再生设计。通过原地保留既有建筑，运用结构托换技术扩大地下空间，成功将这座殡仪馆改造成了一个充满活力的市民艺术中心。

其二是"废墟完形"，代表案例是德累斯顿圣母教堂复原。这座著名的地标建筑在第二次世界大战结束前被炸为废墟。21世纪之初，作为欧洲和解的象征，奇迹般地实现了保留废墟的原址原貌重建，墙体和圣坛的每一块残存石构件和石雕装饰均被原样复位（anastylosis），成为可识别的历史遗存信息载体，新旧相嵌，既区分明显，又天衣无缝，获得了近乎完美的再生。

其三是"新旧合体"，代表案例是科隆科伦巴艺术博物馆。该项目原本也是一处在第二次世界大战中被炸毁的哥特教堂废墟，还包括从罗马到中世纪的遗留物。普利兹克奖得主彼得·卒姆托（Peter Zumthor）作为该项目的建筑师，在废墟之上设计了一座可让人联想到教堂意象的新博物馆。原来的教堂废墟轮廓在博物馆墙面上若隐若现，成为其突出的组成部分，古今相融的再生效果给人以时光穿越的震撼。

其四是"得意忘象"，代表案例是德国国会大厦。作为德国的象征，这座始建于1884年的建筑屡遭战火破坏，普利兹克奖得主诺曼·福斯特（Norman Foster）在重新修建时，在顶层增加了一个巨大的玻璃穹顶。高科技玻璃圆顶不仅与古建筑精美结合，而且将现代科技和生态原理运用到建筑之中。

其五是"加法建筑"，代表案例是里昂歌剧院。曾获普利兹克奖的建筑师让·努维尔（Jean Nouvel）在原有建筑使用功能受限后，在原来的建筑上加上一个拱，使其和两边的塔楼形成了呼应关系。

其六是"异形填充"，代表案例是巴黎百代电影基金会大楼。该建筑位于法国巴黎戈布兰大道上，原本是一座19世纪废弃的剧院。为了满足四周原有建筑物的限制以及要求，基金会总部外观呈现弯曲的球根状，意大利建筑大师伦佐·皮亚诺（Renzo Piano）将其"塞"入了街区之中。

在对国外的共生案例进行回顾后，常青分享了"上海外滩源立项规划与概念设计""外滩源划船俱乐部整体复原设计方案""西藏日喀则桑珠孜宗宫保护与再生工程设计""海口骑楼老街及骑楼外滩再生设计"等7个国内在地实践。其中，"外滩源"位于苏州河和黄浦江交汇处，作为外滩的源头，该区域内现存包括原英国领事馆在内的14幢上海市近代优秀保护建筑。20多年前，常青参与了"上海外滩源立项规划与概念设计"，提出保护14栋历史建筑、保留文汇报大楼再更新、更新圆明园路—虎丘路地块、复原联合教堂，以及将外滩—苏州河交通改走地下等建议。此外，他还提出在保留文汇报大楼的同时增加新建筑以求平衡，形成"以旧围新"的设计意向。

城市更新的同济方案

在 2023 澎湃城市更新大会主题演讲现场,常青在开场即点明了城市更新的意义,之后进一步阐述了城市更新应当从除旧而新(renewal)走向因旧而新(regeneration),即适应性再生的理念。他强调,这种更新方式不是动辄推倒重来,而是注重留改拆拼;不是刻意今昔分离,而是倡导新旧共生;不是限于地段内的单一行动,而是寻求区域间的协同互动。"总之,从国家高层到社会各界,城市更新正在启动新议程、迈入新阶段。这是针对错综复杂城市问题的优选方略、调整路径和守正创新的全面计划和行动,上海的城市更新应在其中起到示范作用。"

结合两个案例,常青阐释了城市更新的新视角:并非仅仅针对历史保护的对象本身,而是要关注历史保护对象周边的建控地带如何进行更新。他提出的这种再生模式,同时也是城市更新的同济方案。

第一个案例是上海老城厢方浜路再生项目。常青表示,老城厢是上海 700 年历史的起点,它是城市的本源。老城厢中,方浜中路是最核心的、能够被保留下来的地块。其北边紧邻豫园、城隍庙,以及豫园商城——尽管商城只有 30 年左右的历史,但因是"香山帮"出品,常青建议将其列入历史建筑群。即将实施的上海老城厢方浜路再生项目,是针对 20 年前建造、今已凋敝的金豫商厦进行二次更新或重塑。由于该项目地处豫园风貌管控范围内,设计须避免 40～60 米塔楼对天际线的影响。最终方案在提高土地利用率的同时,严格控制了高层建筑的高度,确保站在九曲桥时,视线范围内看不到高层建筑;同时,利用裙房遮挡塔楼,以控制街廓天际线,从而再现传统街廓。方浜路以北,是红色楼台街市;方浜路以南,是黛瓦粉墙的古宅。基于这些场景元素,设计以钢结构打造歇山屋顶,运用现代的表达方式,呼应场地的传统基因。这种古韵新风的现代塑形手法,同时也被运用在上海奉贤龙门镇历史环境的龙门阁项目中。

第二个案例是福州中洲岛的设计。福州中洲岛是北宋年间形成的闽江淤沙岛,它是福州人城市历史记忆的心理地标。尽管历经900年沧桑演变,岛上的历史景观已荡然无存,20年前形成的"欧陆风"建筑群也只剩下了凋敝的躯壳,但这座岛屿的文化地理意义和城市运行价值并未因此而改变。它依然有望借助再生创意设计,在延续历史、正视现在和再创未来中获得复兴。该设计的价值取向和策略选择有两个要点:其一,传扬"新旧共生,和而不同"的城市更新理念;其二,践行"留改拆拼"并举的再生设计策略。

以上设计,体现了城市更新的适应性途径——"再生"。更新不仅是外在的变旧为新,也是内在的活化为新;不是大拆大建为新,而是留改拆拼为新。

中国工程院院士孟建民：
站在整个城市的维度来思考城市更新

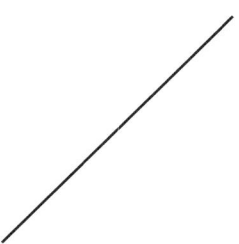

城市更新要站在整个城市的维度来思考我们面对的问题。

在2023澎湃城市更新大会，中国工程院院士、全国工程勘察设计大师孟建民以"城市更新语境下的医院改扩建"为题发表演讲，并提出关于城市更新的核心观点：城市是一个复杂系统，包含了大量的组元，城市更新更加关注系统中各个组元之间的关系。

当前，城市更新已经出现了五大趋势，即从过去的单一到复合、从均质到多元、从分散到集成、从割裂到共享、从封闭到开放；城市更新可以说是城市的一种重构，是一种质的飞跃；在医院更新改造过程中，更重要的是实现项目与城市的融合，通过项目级的更新上升到城市级的更新维度。

城市是一个复杂系统

孟建民开场即表示，要站在整个城市的维度思考城市更新。

"城市是一个复杂系统，包括物理系统、生态系统和社会系统等多个方面。其复杂性在于它包含了大量的组元，这些组元之间相互作用，从而形成了错综复杂的系统。而我们关注城市更新，应更加关注系统中各个组元之间的关系。城市如同人体一样，各个系统需要相互协作，才能保持、保证这个城市生命体的正常运作。"

结合昂格斯（Oswald Mathias Ungers）的《形态学：城市隐喻》，孟建民指出，城市系统与人体生命系统类似，由大量异质的、动态的、不断变化的实体组成，它们在不同的尺度上非线性地相互作用。

城市更新的发展趋势

"无论是从更新目标、价值导向，还是行为特征等维度，城市更新可以被划分为经历了大拆大建、社区更新、旧城开发和多维更新四个阶段，整个迭代模式都向更综合、更科学、更多维的方向发展。"

其中，在第一阶段（1960年之前），更新模式为大拆大建，目标为单体建筑，导向为形体决定，特征为单一问题；在第二阶段（1960—1970年代），更新模式为社区更新，目标为开放空间，导向为功能主义，特征为针灸更新；在第三阶段（1980—1990年代），更新模式为旧城开发，目标为区域环境，导向为历史价值，特征为城区整治；在第四阶段（2000年以后），更新模式为多维更新，目标为城市共治，导向为持续发展，特征为综合目标。

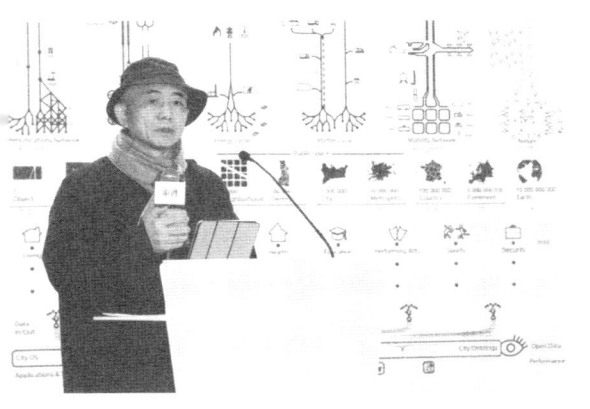

孟建民表示，总体而言，传统的城市更新模式已经不适应当下的城市发展了，中国城市规划的发展建设已经从增量时代走向了存量时代，城市更新已经出现五大趋势，即从过去的单一到复合、从均质到多元、从分散到集成、从割裂到共享、从封闭到开放。

面向未来，孟建民认为应该用整体观来看待城市更新，他分别用网络性、同构性和渐进性来阐述这样一个整体观。所谓网络性是指城市的本质特征是网络化的，城市更新区域的不同组元要通过网络系统和城市建立起联系。同构性则强调城市任何一个局部的组成部分都具有与城市整体结构相适应的一种特征，就如同中医的整体医学观一样。渐进性是指城市在更新过程中各种变化是逐步进行的，而非突变。

城市更新语境下，重构医院与城市的深度关联

"结合我对城市更新的认识论层面的阐述，我具体谈一下在城市更新语境下对医院的更新，或者医院的改造对于城市更新的影响。为什么要谈这个话题？首先，医疗是我在建筑创造中的主要领域；其次，新冠疫情之后，我们国家的城市面临大量的医院新建和改扩建，尤其是老旧医院的改造和扩建，这给城市更新带来了不少挑战。"

孟建民院士梳理了医院改扩建的外在困境及内在矛盾。外在困境为用地紧张、建筑密度高、周边环境复杂、城市交通拥挤，这些对于城市和医院的改造、更新构成了巨大的挑战；内在矛盾则体现为功能配比不足、学科规划不全、人文关怀不强、运行效率不高等方面。"这些老旧医院不但环境品质差，还给城市带来巨大的问题和负荷。例如，我国的信息中心曾发布过全国十大最堵三甲医院的排行榜，很多医院都面临着严重的交通拥堵问题。传统医院往往不太关注和城市的关系，这进一步加剧了城市在更新改造发展当中的问题。"

结合深圳市南山区人民医院、山东大学齐鲁医院、贵州医科大学附属医院三个改扩建

实践案例。孟建民表示,不同于"院是院,城是城"的传统模式,他的团队提出"院城一体化"的未来发展模式。"过去设计医院,院是院,城是城,不考虑医院更新改造建设和城市的关系。随着医院用地变得更加紧张,医院规模不断扩大,传统的模式已经不能适应现在医院的更新改造和城市自身发展的要求。尤其是在当前用地紧张、环境复杂的背景下,医院和城市两个复杂系统的边界相互嵌套、重叠。我们应该从城市更新的视角出发,重新建立医院和城市的多重维度、深度关联关系。"

医院作为城市的基础设施,应被视为与城市连续变化相协调的整体。深圳市南山区人民医院地处深圳南山区的核心区,整个项目由原先700张病床扩建到2500张的规模,预计建筑面积将达到60万平方米。鉴于该医院位于高密度的建成区,交通压力极大,为了解决这样一个"巨无霸"的医院给城市带来的问题和挑战,孟建民的设计策略是从城市设计的角度出发,对南山医院周边道路进行区划性的规划改造,同时设计了两条类似于下穿市政路的地下接驳系统,把城市要解决的交通问题通过医院的改造一并进行解决,将所有到医院的机动车全部引入地下进行接驳。考虑到医院的规模大到一定程度就是一个"医院城",人们在此需要进行各种活动,如消费、吃饭、休闲等,孟建民团队将医院设计成一个集地下地铁、商业、下沉庭院、无风雨的灰空间和入口大厅于一体的多功能综合体。它一方面与地铁无缝衔接,同时通过下穿的市政道路系统实现了私家车、出租车和商业空间的顺畅连接。

山东大学齐鲁医院紧邻趵突泉,在改扩建过程中体现了文脉环境的延续。该项目将地域性空间视为一个有机整体,结合医院和城市的多元要素,构建一个承载社会、文化及健康活动的复合型场所。贵州医科大学附属医院被城市道路划分为两块,通过改造、拆除、新建、腾挪等措施,最终打造成为一个拥有4500张床位的超大规模医院,从而适应了城市动态发展,实现了医疗资源与城市发展的共生共赢。

通过三个案例分享,孟建民院士总结道,城市更新不是城市翻新。翻新是给城市换上一套新装，实质上没什么大的变化；而城市更新可以说是对城市的一种重构，是一种质的飞跃。因此，在医院更新改造过程中，孟院士不仅强调对医院本身环境品质的提升改造，更重要的是要实现和城市的融合，借助项目级的更新上升到城市级的更新维度，使城市更新被赋予更高的目标，更好地实现可持续性发展。

孟建民强调，城市系统始终处于一个动态更新的过程中。只有站在更高的维度，系统性地审视思考方式和工作方法，我们才能跟上时代的发展，才能创造出更好的作品，才能适应城市未来发展新的变化和需求。

中国文物学会会长单霁翔：
城市更新应是让文化遗产有尊严的过程

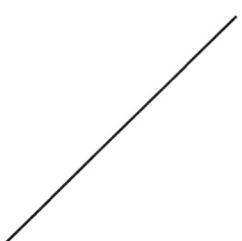

<u>要使文化遗产拥有尊严，有尊严的文化遗产才能成为促进经济社会发展的力量。</u>

<u>在2023澎湃城市更新大会上，中国文物学会会长、故宫博物院学术委员会主任单霁翔以"文化的力量，让文化遗产资源活起来"为题发表演讲，并提出关于城市更新的核心观点：大规模建设的态势已经过去，今天更关注高质量发展，这个过程中，文化是可以有所作为的。</u>

<u>单霁翔强调，保护不是目的，利用也不是目的，真正的目的是传承。传承并非意味着一成不变地把一个城市复古地传到后代，而是要在今天的基础上，叠加现代人的创造，再传给子孙后代。</u>

人居环境

通过播放殷墟遗址背景环境、平安大街上交通拥堵等图片，单霁翔指出，目前城市面临环境污染、交通拥堵的问题。然而，对于这类城市问题，上海市延安路高架桥等常规解决方案可能不再适用。"今后可能要改变。比如我们用了十多年的时间，令一条线性文化遗产——大运河走进了人们的视野和生活。"

在2003年全国政协会议上，单霁翔撰写了《关于在南水北调工程中要注重文物保护的建议案》，提出要注重大运河文化遗产的保护。2004年，他再次提交了首个关于大运河文化遗产保护的专项提案——《关于大运河文化遗产保护亟待加强的提案》。

2014年，大运河项目成功入选世界文化遗产名录。这条流域范围覆盖35座城市的大运河，是一个复合型的综合景观。单霁翔将其归纳为16种景观，包括自然景观、历史景观、建筑景观、工程景观、运输景观、河道景观、街区景观、园林景观、宗教景观、商业景观、民居景观、民俗景观、生活景观、生产景观、艺术景观和城镇景观。

"一条大运河流经这么多城市，需要综合实现各种不同的景观，这改变了我们传统的文物保护理念和格局。我们不但要保护文化要素，还要保护自然要素，真正从'文物保护'走向'文化遗产保护'。"单霁翔表示，经过多年的保护、传承和利用，曾经在北边断流的大运河，其山东段、天津段和北京段已经一一恢复。如今，大运河一路流淌到了北京的西城区、东城区，为城市的文化带来非常重要的变革。

城市新境

"尊古但不是复古。我们的城市应该是各个历史阶段的丰富叠加，而不能把它回归到某个时代去，比如建仿古路或街区，这会导致历史链条的断裂。事实上，历史的链条叠加得越丰富，城市景观越丰富，人们的情感价值就愈发能得到保障。"单霁翔表示，过去几十年的大规模城市建设取得了很多成就，但往往造成千城一面的困境，现代塔楼林立的景观已经变成了城市的标准照。以澳门为例，他阐释了历史链条叠加、城市景观丰富的重要意义。

"作为中华文化的重要组成部分，澳门文化在历史的长河中熠熠生辉。澳门历史城区保留着葡萄牙和中国风格的古老街道、住宅、宗教和公共建筑，见证了东西方美学、文化、建筑和技术影响力的交融；粤剧、凉茶、木雕—神像雕刻等非物质文化遗产传承着澳门文化生生不息的精神力量。""澳门历史城区"的概念由"澳门历史建筑群"扩充而来，包括妈阁庙、大三巴牌坊和大炮台等20余处历史建筑，以及与分散建筑紧密相连的7个广场空间，是中国境内现存最古老、规模最大、保存最完整、最集中的中西特色建筑共存的历史城区。单霁翔曾深度参与澳门历史城区成功入选世界文化遗产名录的历程，他指出，澳门历史城区作为市民文化活动场所，为文化传承发挥了重要作用。今天去澳门的游客，很多是去看世界遗产的。这座城市保护了400多年来中西文化交流的结晶，为城市更新提供了很好的范例。

景观意境

过去粗放式的发展破坏了城市的肌理和景观，而与此同时，文物古迹往往是荒凉的。以良渚古城遗址为例，单霁翔在现场播放了过去遗址内杂乱无章的景况：废品收购站、工业企业、莫角山上的水塔、印刷厂、石矿宕口……随着良渚古城、外城郭、古城墙等考古发现的逐步揭示，良渚古城遗址获准列入世界遗产名录。

在2009年举办的"大遗址保护良渚论坛"上，单霁翔曾重申："让我们的考古遗址像公园般美丽。"传统的理解中，考古遗址是考古工作开展的地方，而公园则是人们休闲游憩的场所。但随着高句丽遗址、金沙遗址、殷墟遗址、大明宫遗址等一个个遗址公园的建成，考古界于"大遗址保护良渚论坛"达成共识，并陆续分批公布国家考古遗址公园名单。单霁翔在演讲现场表示，目前我国已经有150多个遗址变成了美丽的公园。

"良渚古城遗址公园正式开园让我深受感动，每天有成千上万的人来到这里，通过数字技术等了解古代人们的生活状况，这里已成为人们文化生活中的一片绿洲。同样令人感动的是，有很多的年轻人在这里举办丰富多彩的活动，比如民谣乐队在池中寺粮仓演出。人们在这里学习古人怎么制作玉器、盖房子，秋天还可以参加稻子收割。今天，这样一片土地变成人与自然和谐共生的美丽公园。"

建筑情境

"20世纪留给我们的房子占当今现存房子的90%。我从网上搜集了上百个城市的办公楼，你们能分得清它们是在南方还是北方吗？"在演讲现场，单霁翔展示了浙江、江西、云南等地的政府办公大楼，指出各个城市的建筑存在严重的雷同现象，甚至出现很多仿英国国会大厦造型的建筑。他进一步提问："今天我们应该如何对待建筑？"

单霁翔毕业于清华大学建筑学院城市规划与设计专业，师从两院院士吴良镛。在演讲现场，这位工学博士以吴良镛院士设计的江宁织造博物馆为例，展示建筑情境的要义。

江宁织造博物馆位于南京中心地段原江宁织造府遗址，吴良镛院士将其定位为城市中心、高楼大厦之间的精致园林盆景。博物馆的设计融合了现代外壳、传统内核的"核桃模式"和将自然园林架于建筑托盘之上的"盆景模式"。它以南京自然山水为背景，整个建筑仿佛成为这片大山水格局下的都市盆景，无论内容还是形式，都立足于南京本地的历史地理条件，以地方固有的文化内涵作为创作契机。

单霁翔表示，吴良镛院士在文化遗产保护领域做了许多重要且基础性的工作，其"有机更新"理论为历史文化城市发展指明方向，其"积极保护，整体创造"理念将文化遗产保护与城市文化建设发展紧密相连。吴良镛院士的"广义建筑学"理念对文化遗产保护和博物馆领域拓展保护发展思路具有重要启发；其人居环境科学理论，则对文化线路、文化景观的研究具有指导意义。这些理论、理念在江宁织造博物馆中多有体现。这座博物馆是吴良镛院士在年迈之年献给家乡的梦中红楼——人们从地铁站出来，拾级而上，即可进入一个免费的公园，在此可以休息，感受古典园林的韵味，并通过展陈、表演等方式深入了解织造文化和《红楼梦》背后的故事。

"城市更新的核心在于以人为本，以满足人们不断增长的精神文化需求来进行设计，而非仅仅作为一个一般的建设工程、土木工程。"

艺文心境

通过展示北京四合院中的裸体雕塑、遍布各个城市的不锈钢球形雕塑，以及遗址上锣鼓喧天、旌旗招展的场景，单霁翔抛出思考题——那些制造"雕塑垃圾"的艺术家们，是否真正了解他们所在城市人们的文化需求？这样的文化表达，是我们今天应该有的文化气象吗？

以紫禁书院为例，单霁翔表示，文化建筑应当为人们的高品质生活提供精神领域的内容。紫禁书院作为一个以传播故宫文化、分享典雅生活为宗旨的文化中心，将文化资源凝练出来，与人们的现实生活对接，给大众提供温馨的学习环境和多元的文化体验。自2015年成立以来，紫禁书院已在全国各地推广，从深圳、珠海、福州到景德镇、武夷山，成为了一个让城市快节奏生活中的年轻人能够静下心来享受文化的地方，被称作"行走的故宫"。

创意画境

很多城市的重要打卡地进驻了全球知名连锁品牌，如北京荷花池市场的星巴克、西安鼓楼的麦当劳。单霁翔表示，国际品牌进军城市心脏无可非议，但需要思考的是，我们如何展示自己的文化？

以《千里江山图》的出圈为例，单霁翔分享了一个文化展示的案例：十年前，鲜有人见过这幅宋徽宗时代的名画，包括故宫博物院的工作人员在内。然而，在2014年展出其中一段后，2017年该画首次全卷打开展览，吸引了世界各地的观众蜂拥而至，很多人专程来参观这幅画。

"为了传播，我们事先研发了上百种文化创意产品，比如传统的图录、高精度的复制品、日历、邮票、茶具、小扇子、鼠标垫、笔记本、小手表、纸胶带等。其中，有一款售价1480元的团扇，以传统的宋锦作为边饰、轻柔的花罗为扇面、紫光檀材质为扇柄。考虑到价格太贵，我们还制作了80元的双面绣小团扇，一个夏天卖出了5万把。此外，还有披肩运动服、比赛装、运动鞋，等等。经过几年的努力，《千里江山图》家喻户晓，人们开始用它装点家居、工作环境和室外活动场所。于是，千里江山图走向了交响乐、黄浦社区艺术体验展，走进了舞蹈、走进了春晚，充分展示了文化藏品的文化力量。"

单霁翔表示，只有当人们真正喜爱这些文物，文物才有尊严。他反对将文物锁在库房里面。有人觉得即使任其生锈也没什么，而一旦展出就需要承担丢失、损坏的风险。但他指出，古建筑修好了，一旦锁起来，不让人们来参观使用，那么其实腐朽得更快。

"我认为保护不是目的，利用也不是目的，真正的目的是传承。我们祖先创造的灿烂文化，应经我们之手健康、有序地传递下去。传承并非意味着一成不变地把一个城市复古地传到后代，而是要在今天的基础上，叠加现代人的创造，再传给子孙后代。"

课题

不能忘却的当代

城市是靠记忆而存在的,保护建筑的认定工作应该是动态持续的。

城市是各个历史阶段建筑的合集，每个阶段的建筑都是城市不可或缺的有机组成部分。

1991年，上海市政府颁布《上海市优秀近代建筑保护管理办法》，成为国内第一个针对近代建筑（1840—1949年）建立保护机制的城市。2002年，上海市人大通过了《上海市历史文化风貌区和优秀历史建筑保护管理条例》，在全国率先将历史建筑保护上升到地方立法层面。其中第九条规定，针对建成30年以上，并满足著名建筑师代表作品、反映上海地域建筑历史文化特点等条件之一的建筑，可以确定为优秀历史建筑。

"条例将保护对象由'优秀近代建筑'扩展到建成30年以上的'优秀历史建筑'，部分1949年之后建成的建筑被列入保护名单。"曾任上海市规划和国土资源管理局副局长、同济大学常务副校长的伍江教授在接受澎湃新闻采访时曾表示，总体来说，目前的保护工作重点仍主要集中在1949年之前建成的近代建筑，而之后建成的建筑还很少进入保护的视野，一些具有重要历史意义和文化价值的现当代建筑在城市大规模开发建设中尚未得到及时保护。

对于历史文化遗产的世界共识，是人类进入现代社会之后的一个重要的文化发展标志。1972年，联合国教科文组织大会通过了《保护世界文化和自然遗产公约》，将罕见且无法替代的文化和自然遗产作为全人类世界遗产的一部分加以保护。对于建筑类文化遗产，该公约主要依据其历史价值、艺术价值、科学价值进行评估甄别，而这三个价值是所有更新的前提。

2017年，由上海市建筑学会发起，联合上海市城市经济学会、上海市规划和国土资源管理局、上海市房屋管理局和华建集团华东建筑设计研究院有限公司，共同启动了《上海市优秀现当代建筑（1949年至今）价值评估研究》的课题。澎湃新闻持续关注城市更新背景下现当代建筑保护工作，推出"复兴'49后'建筑"系列专题，对相关专家、项目进行持续采访，并通过展览、书籍等多元形式推动现当代建筑进入保护视野。

城市更新背景下
现当代优秀建筑价值研究

曹嘉明
中国建筑学会副理事长

建筑忠实地记录着历史、文化、科技以及社会价值的取向。建筑作为历史的见证者，让人们得以阅读城市生长的完整过程。正因如此，对历史建筑和现当代优秀建筑（即未来的历史建筑）的保护和利用应得到同等的重视。

我们对近代建筑和现当代建筑进行历史划分，把 1949 年以前的建筑作为近代建筑，1949 年以后的建筑归为现当代建筑。在快速城市化的三十余年建设中，许多近代建筑已被拆除或者改建。能够保留到今天的近代建筑，大多已被赋予保护身份，并得到了充分的重视。然而，至今，现当代优秀建筑的保护仍然没有得到充分重视。从主管部门颁布的历史保护建筑名录中，我们可以看到，仅有少部分的现当代经典建筑被列入保护对象。在存量时代城市更新的背景下，不断有优秀现当代建筑，甚至 21 世纪刚落成的设计作品已经遭到破坏和拆除的消息传出。因此，保护现当代优秀建筑已经成为了城市更新的当务之急。

上海的城市发展历程

从历史的角度来看,20世纪上海的大规模建设有两个高潮。一个是1920至1930年代,外来殖民者开始沿黄浦江西岸建设西侨居留地,同时,西方的各类银行商会和上海各类市政机构纷纷迁入,并逐步深入城市地,上海逐渐成为中国最大的港口城市和通商口岸。上海的建筑类型形式各异,具有古典文艺复兴、装饰艺术、现代主义或民主形式等特点的建筑,使上海特别是外滩,成为名副其实的"万国建筑博览群"。

1975年上海体育馆 上海院提供

另一个城市建设的高潮则是改革开放之后的40余年。从1900年到1949年仅有50年的时间跨度,而1949年至今已经70多年了。今天的上海和1949年的上海有着天壤之别。从规模来看,1949年上海行政辖区面积612.7平方千米,建成区面积约86平方千米,城区人口规模498万人,各类房屋总建筑面积约4679万平方米,其中居住建筑2359万平方米,非居住建筑2320万平方米;而到了2021年,上海行政辖区面积已经达到6341平方千米,建成区面积约1242平方千米,城区人口规模达到2489万,各类房屋总建筑面积约15.08亿平方米,其中居住建筑7.29亿平方米,非居住建筑7.79亿平方米。从城市建设来看,在四十余年的城市建设中,浦东的崛起使黄浦江畔东西两侧新城与老城交相辉映。上海已成为世界级超大都市,陆家嘴建筑的天际线已经成为中国改革开放在世界的标志性形象。这是上海的骄傲,更是中国人民的骄傲。

在这七十余年的不同时间段,上海建成了许多现当代的优秀建筑,它们承载着时代的烙印,成为上海市民的集体记忆。

1950年代,上海建成了上海展览中心、闵行工业区、曹杨工人新村、同济大学文远楼等;1960年代,上海延安饭店、蕃瓜弄工人新村等相继落成;1970年代建造了上海体育馆(万体馆)、漕溪路

1982年龙柏饭店 刘其华摄

高层住宅群、金山石化总厂等；1980年代建成了我国内地第一座玻璃幕墙办公大楼联谊大厦、华亭宾馆、龙柏饭店、超大规模的居住小区曲阳新村等；1990年代，以东方明珠、金茂大厦为代表的浦东陆家嘴金融贸易区崛起，以上海大剧院、上海图书馆新馆、上海博物馆、上海影城等为代表的文化设施也相继建成，上海商城、静安宾馆、新锦江大酒店等一大批涉外酒店，以及浦东国际机场等市政交通设施逐步投放使用；跨入21世纪后，上海的城市建筑更是像雨后春笋般不断涌现，过江隧道、大桥和地铁陆续贯通，市民的居住环境和条件得到改善，2010年的上海世博会，以及虹桥综合交通枢纽和上海中心的建成给上海的城市建设带来了一个新的飞跃。

1991年上海影城与银河宾馆　华东院提供

上海在历史建筑保护方面的贡献

上海是全国城市中最早出台历史建筑保护政策的城市，也是明确提出对历史文化风貌区和优秀历史建筑"建立最严格的保护制度"的城市。至今，上海已形成了一个由"文物、优秀历史建筑——风貌保护街坊道路/河道——历史文化风貌区"共同构建的"点、线、面"相结合的城市历史遗产保护体系。3467处不可移动文物，41平方千米的历史文化风貌区，254处共17平方千米的风貌保护街坊，397条风貌保护道路，84条风貌保护河道，五批共1058处优秀历史建筑，形成了全方位的保护体系。

上海的建筑遗产保护体系分为文物保护体系和优秀历史建筑保护体系，根据建筑的价值及完好程度进行分级分类的身份认定，并制定相应的保护要求。从文物保护的统计数据来看，目前公布了八批文物保护单位共228处，其中落成于1949年之后的现当代建筑仅有2处（上港十厂冷轧带钢车间旧址、人民公社旧址）。从优秀历史建筑保护的统计数据来看，目前公布了五批优秀历史建筑共1058处，前三批尚未涉及1949年之后的现当代建筑；第四批共234处，其中现当代建筑占比3%；第五批共426处，其中现当代建筑6处，占比1.4%（不包括住宅）。从这些数据可以看出，现当代优秀建筑在现有的遗产保护体系当中占比非常之少。

如今，上海城市建设已逐渐进入存量时代，功能迭代速度加快，现当代建筑将成为城市更新的主要对象，而其遗产性价值在这个过程中极易被忽视。因此保护现当代建筑是城市更新的当务之急。

华东电力调度大楼始建于1988年，正值改革开放的初期，建筑思潮繁荣多元。它位于南京东路的重要地段，不仅体现了中国建筑师的创作激情，也展现了结构设计的经济性，与当时的时代背景紧密相连。这座大楼打破了以往建筑设计中规中矩的束缚，以一种全

1985年联谊大厦 华东院提供

华东电力调度大楼改造前　庄哲摄

华东电力调度大楼改造后　庄哲摄

新的姿态创作出一种新的形象，获得了许多大奖，也成为上海市民的共同记忆。

　　2013年4月，华东电力调度大楼改造项目启动设计方案国际评选，最终建设方决定在某外资公司大刀阔斧的改造基础上进行深化。改造抛弃了原有的砖墙体系和面砖饰面，塔楼形体也从原始的复杂凹凸面变为纯粹的柱体。2014年2月，一栋崭新的酒店大楼方案完成报批，并在之后的专家评审中通过。彼时，华东电力调度大楼建成27年，尚不满30年，因此不属于受到保护的文物建筑和历史建筑，那么按照现有城市规划管理条例，该改造方案似乎已经势在必行。

2014年底，大众媒体最早爆出华东电力调度大楼改造后的效果图，迅速引起了广泛关注。惋惜、责问乃至愤怒的声音占据了主流。我在第一时间致电市规划局有关领导进行求证，得知由于该建筑不到30年，不在关注的重点之内，因此无法干涉。在这种情况下，我们迅速组织了上海业内的专家进行了研讨。大家一致认为，这栋优秀的现当代建筑反映了那个时代中国建筑师的创作勇气，与周边建筑和道路的关系都处理得很好，并且已经获得许多奖项，成为了上海市民的共同记忆。因此，功能更新不应该破坏外立面，应保持原有的外立面，更新内部功能，使其更有历史感。这一结论很快得到了主管部门主要领导的支持，并发布了相关文件强调保护的要求。此举扭转了华东电力调度大楼的改造方向，并得到了开发商的大力支持。更重要的是，它让人们重新审视现当代建筑改造的价值取向和管理方法。

华东电力调度大楼案例的曲折与挑战反映出以下几方面的问题：因为建筑建成年限不到法定保护年限，因此没有"被保护"的身份；因为其特殊价值未被深入挖掘，关于其价值存在争论与不确定性；因为缺乏有效的管理模式来引导其更新设计，新规范的使用与变通也是技术难点。华东电力调度大楼直接引发了我们对上海市现当代建筑保护的深度思考。现当代建筑将何去何从？尤其是那些具有特定价值的优秀现当代建筑将何去何从？这一问题直接促成了我们的研发课题的启动。

现当代优秀建筑的特殊性及价值探索

华东电力调度大楼无疑是幸运的，但更多的现当代优秀建筑在快速城市化的过程当中遭到了破坏，这种现象一直延续到今天。对以上的典型城市更新案例进行复盘分析，引发了关于现当代优秀建筑保护制度的思考。

1. 存量时代合理更新是现当代建筑之必然

现当代建筑正在或者已经成为存量时代重点关注的对象。大量没有法定身份的现代优秀建筑被不恰当对待的情况将会大大减少，建筑更新将更趋有序。同时，优秀的现当代建筑更新应在保护其核心价值的同时进行恰当的利用。因此，价值评估研究尤为重要，适宜的更新模式必须建立在合理的价值认知的基础上。必须充分了解建筑原有的价值核心，才能适度地对其进行改造更新，并使其原有的价值内涵得以延续和升华。

2. 政府精细化管理在优秀现当代建筑保护之表现

上海针对优秀历史建筑开展了大量的研究和保护工作，并且取得了丰硕的成果。然而，当前的管理体系仍将传统建筑（主要包括古代建筑、近代建筑）与现当代建筑放在同一认定条件下进行价值评价。随着现当代建筑认定需求量的增加，未来甚至可能成为保护主体，现有的价值认定条件和管理模式慢慢呈现出各种不适用的情况，原有较为粗放的管理方式也越来越难以适应现当代建筑。因此，对优秀现当代建筑的价值体系评估、模型管理流程等的深入研究，将会积极推进建筑保护管理的精细化发展。

3. 确立现当代优秀建筑的价值观念是城市更新之必需

现当代建筑是未来的建筑历史遗产，对现当代优秀建筑要从时间的维度来考证和思考。尽管这些建筑还没有经过长时间的考验，但保护的视野要有前瞻性。例如，巴西的新首都巴西利亚 1960 年建成，仅 27 年之后，在 1987 年就被联合国授予世界文化遗产称号。同样，1973 年建成的悉尼歌剧院在 2007 年也被评为世界文化遗产。而 2010 年的上海世博会，在开幕之时就对 42 个外国馆做了相关研究，虽然是临时建筑，但目前留下的外国馆也已成为世博文化公园的标志。此类案例不胜枚举。如果我们没有预保护的概念，将抹去一段历史的年轮，成为极大的遗憾。这就是现当代优秀建筑的特殊性所在。特别对于中国来说，近30年城市快速发展，建设规模是之前的几倍乃至几十倍，并且随着国家经济的发展，建筑的质量也比以往有所提升，其中不乏一些精品，成为百姓认可的城市地标和记忆。

构建评价优秀现当代建筑的理论体系

构建评价优秀现当代建筑的理论体系，首先需深入研究历史建筑较为成熟的评价体系和方法。我们研究了国内外各类评价体系，在世界公认的历史、艺术、科技三大评价范畴内进行了研究和扩展，发现现当代建筑的价值评价既有共性，也存在特殊性。

共性在三大价值评价范畴中均有所体现（其中历史价值应该从未来预期中估判），而特殊性在于现当代建筑建成时间短，其价值还未被大众广泛认知和接受。为了更全面地评价现当代建筑，我们增加了社会情感价值和功能再生价值这两个维度。社会情感价值指的是市民对其产生的共同记忆和情感联系，而功能再生价值则是指建筑功能随着时代变迁而发生的适应和改变，使得建筑在使用中焕发新的生命力并得以延续。需要强调的是，对于大多数优秀历史建筑的保护，不应简单模仿对文物的保护，即不容改变的保护方式。建筑与其他艺术类别的区别就在于它的实用性，应在满足不同时代功能要求的基础上延续其生命，持续服务于社会和人民。

在其评价方式上，我们抛弃了分项打分的方式，转而以更理性、更综合性的考虑来评判。这种方法更贴切实际情况，也便于操作落实，得到了业内专家们的认可。

保护性更新的设计引导

现当代建筑的保护性更新设计应基于遗产性价值和再利用价值的综合评估，并结合具体的更新目标。过程中，应根据核心价值点明确保护要素，采取针对性保护措施，同时利用这些保护要素激发现当代建筑的再利用价值。

　　对于遗产性价值特别突出或者较为突出的现当代建筑，应通过调研（遗产性价值）、评估、认定三个阶段，分级分类列入文物建筑保护名单。保护性更新设计应参照对应的管理标准规范执行。

　　对于遗产性价值一般突出的现当代建筑，首先应通过评估明确核心价值要点及其对应的保护要素，并采取针对性保护的措施使之不被破坏；其次，应结合建筑更新目标和再利用价值评估要点，审慎确定创新的保护性更新设计方式，因地制宜。

结语

现当代建筑将会成为未来建筑遗产的一部分。对现当代优秀建筑的关注与重视，既是对历史的负责，也是对社会情感价值的尊重。在现实条件下，对现当代建筑的价值挖掘和探索具有紧迫性。在城市更新中，更应科学合理地进行改造和功能置换，不要轻易地抹去历史进程的年轮。

人物

以创见筑入城市

对更新的认知能力和运维水平,决定了城市演进方向。

068—134

首届"梁思成建筑奖"获得者
魏敦山院士：

建筑师要不断体验生活

采访时间：2022年7月

魏敦山院士

魏敦山院士生于1933年。1994年获评全国工程勘察设计大师、2000年获首届"梁思成建筑奖"、2001年当选为中国工程院院士，他被称作"上海体育建筑之父"。

自1955年从同济大学建筑设计专业毕业，他几乎参与了新中国成立后的整个建设历程。他的画笔之下，勾勒出上海从1960年代至1990年代的城市风貌。

1957年起，魏敦山进入上海市民用建筑设计院（现上海建筑设计研究院有限公司，以下简称"民用院"）从事民用建筑设计工作。他主持设计的工程多达百余项。其中，1960年代设计的张庙一条街、闵行一条街和蕃瓜弄入选"上海市优秀现当代建筑（1949—2000年）第一批推荐名单"；1970年代设计的上海体育馆与1980年代设计的上海游泳馆，在1988年被载入英国皇家建筑学会出版的《世界建筑史》，作为中华人民共和国成立以来43座著名优秀建筑之二，他也是该建筑史册记载的16位中国著名建筑师中最年轻的一位。

2017年底，徐家汇体育公园改造项目正式开工建设。该项目以魏敦山设计的"体育建筑三件套"——上海体育馆、上海体育场、上海游泳馆为主体进行改造。改造完成后，体育赛事功能将进一步凸显，同时群众参与度也将得到提升。徐家汇体育公园将被打造成一个"体育氛围浓厚、赛事举办一流、群众体育活跃、绿化空间宜人"的市级公共体育活动集聚区。

徐家汇体育公园效果图

谈及这一"城市更新下的体育场馆改造样本",魏敦山表示,他很赞同此次改造中提出的两个原则:一是对公众而言,要"量体裁衣",即对既有建筑空间进行匹配性改造,布局全民健身和专业服务功能;二是对专业体育来说,改造要满足顶级赛事及赛事配套空间布局需要。

建筑设计是随国家需要展开的

"1957年调到民用院后,我做的第一个项目是幼儿园。"从一个幼儿园开始,魏敦山开启了他近七十年的民用建筑设计历程,他主持的项目涵盖了住宅、中小学、医院、剧场等多种类型,尤以体育建筑为多。

被问及为何涉及如此广泛的建筑类型,魏敦山告诉记者,建筑设计是随国家需要展开的。"新中国成立后,百废待兴,当时华东院(现华建集团华东建筑设计研究院有限公司)以工业建筑设计为主,而民用院则以与老百姓日常生活息息相关的'民用建筑'为设计方向。"

魏敦山回忆,1950年代末,他开始设计住宅,印象最深的是"两条街"——闵行一条街和张庙一条街。对于前者的建设,他还属于参与者的角色。而张庙一条街,他则作为小组长全权负责完成,这个项目包含住宅、商店、小剧场和诊疗室(医院)等多种建筑物。

张庙一条街

中华人民共和国成立后,宝山的长江路两侧集中建设了一大批国有钢铁企业,形成了冶金工业区。政府随后在张庙地区集中建造了工人住宅区,并配有商业区和文娱场所,从而形成了上海第一代工人新村。1960年1月26日及4月9日,《新民晚报》分别以"95天建成又一条社会主义大街/张庙一条街盛装迎春"和"张庙路大街——社会主义活教材"为题对该项目进行报道。根据平面图,张庙一条街临街18幢建筑中,有3幢为底层商店与上层住宅组合,1幢建筑为底层商店及餐厅与上层住宅组合,另有若干幢纯住宅,以及冷饮室、茶室、招待所、花鸟亭、公厕、书亭、喷水池、画廊。

1960年2月24日,张庙一条街的12家商店开始对外营业。经过多年的发展,逐渐聚集了百货、日用品、五金电料、服装、食品、照相、药品、酒家、洗染等各种商店,以及邮局、银行、书店,其中较有影响力的有巨龙百货商场、东方食品商店、春光饭店、凤凰理发店、迎春照相馆等。由食堂、菜场、托儿所、幼儿园、学校和医院等组成的公共建筑网,构成了社区配套的雏形,甚至可以说是1.0版的"15分钟社区生活圈"。魏敦山告诉记者,当时国家在上海开了一场名为"成街成坊"的建筑大会,就是要推广扩大发展住房和居民生活建筑的理念。实际上,从那个时候开始,政府就提出不仅要关注住房问题,也要关心生活质量。

张庙一条街与闵行一条街是中国工人（居民）新村建设道路上的里程碑，成为全国著名的工人新村"样板"。1960年3月15日，时任国家副主席宋庆龄来到张庙一条街，眼前的街道"显得异常秀丽而安静，一幢幢淡红的、奶黄的、果绿的和白色的大楼在阳光下发出耀眼的光彩。两旁绿化地带已种上柏树和花草"。据不完全统计，落成至今，张庙一条街共接待来自95个国家和地区的外宾431批3872人。

　　2022年1月，上海市建筑学会、上海市城市经济学会、上海市文物保护工程行业协会共同发布"上海市优秀现当代（1949—2000年）建筑第一批推荐名单"，其中1960年代入选的四部作品中，魏敦山参与了三部——闵行一条街、张庙一条街、蕃瓜弄。人们通常用"二街一弄"来指代这三部作品，也指代这座城市1960年代的民用建筑设计进步的印记。

一座城市的1970年代

　　"上海市优秀现当代（1949—2000年）建筑第一批推荐名单"中，属于1970年代的作品仅有一部，那就是上海体育馆。1959年，在当时尚属偏远的徐家汇，上海计划建造一个万人体育馆。由于经济等方面原因，项目在打桩完成后停滞，直到1972年，周总理做出批示，项目才得以重启。

"1968年首都体育馆竣工，长方形的场馆可容纳1.8万观众。设计上海体育馆时，参照北京的规模，最终也定下了1.8万座席。"在上海市建筑学会拍摄团队的镜头下，整个采访过程，魏敦山院士始终埋着头，用记号笔向记者演示当年的作品。在一张A4纸上，他先是画了一个正方形叠加正十字，又画了一个八角形，最后画了一个圆形叠加正十字。这三个图案，就是当年上海体育馆的三个设计方案。最终圆形的方案被采纳，这是魏敦山从北京天坛获取的设计灵感。

上海体育馆（改造前）

"体育馆屋面参考了中国传统的大挑檐形式，馆身则由108根白色立柱从屋顶至地面将蓝色的玻璃幕墙均匀围绕，我们称之为'大刀片'。均等分布的4个出入口与大平台连接，再由4座大楼梯到达地面。"魏敦山介绍，该馆是全国首个大型全预制装配式公建。108根预制柱子竖立在基地上，由无数构件节点组成的重约600吨的空间网架先在地面完成拼装，然后用若干台机器将网架吊起，与立柱准确紧密搭接。时隔近50年，他仍清晰地记得上海建工在工程中的各种创新：上海体育馆的钢结构来自江南造船厂，檐口使用了与上海的搪瓷厂合作开发的折面搪瓷材料，外立面采用的是上海耀华玻璃厂在国内首次试制成功的浅蓝色隔热玻璃；一个叫戴大麻的工人想出先整体提升高度，再通过微微旋转使预制结构精确落位的办法，避免电焊工人长时间高空作业。

"一项工程的建成，是集体智慧的结晶。"魏敦山表示，当时国内经济落后，又缺乏外部支援，在这样极端困难的条件下，全预制装配式建造举全市之力自主攻坚完成，体现了上海设计、上海制造、上海制作的匠人精神。

从"体育建筑三件套"到"体育公园"

改革开放，春水初生，城市步入建设的快车道。1980年代，上海为争取全运会举办资格，建造了上海游泳馆。游泳馆承载跳水和游泳两项功能，规模适中，约为4000座。其平面呈六边形，在中间最佳视野的位置布置最深的看台，这种多变的建筑体型节约了建筑空间与面积。作为一个自主设计建造的项目，它成功解决了声学、冷空气冷凝水等一系列技术难题，得到了时任国际奥委会主席萨马兰奇的认可，称赞它是世界一流的水准。上海游泳馆是国内第一座大型温水游泳馆，也是第一座举办世界比赛的游泳馆。

1997年，为举办第八届全国运动会，上海体育场建成。其外环为圆形，内环为椭圆形，整体结构呈波浪式的马鞍形，尽可能为观众提供最佳的视线质量。此外，场周围设置宽30米、长1000米的巨大平台，以保障观众在疏散时道路畅通。魏敦山在充分考虑地形、光照、风向等因素后，提出了"向天要地"的构想——通过上大下小的倒圆锥体结构，体育场从空中"借"了3万平方米的面积。观众席上方采用马鞍形大悬挑钢管空间屋盖结构，覆以乳白色薄膜材料。尤为值得一提的是，主席台正上方的一根最长单臂悬挑梁长73.5米，为世界建筑史之最。

上海游泳馆（改造前）

上海体育场（改造前）

至此，分别来自1970年代、1980年代、1990年代的上海体育建筑"三件套"集结完成。作为大型公共建筑，它们承办了众多世界级的比赛及演出，见证了一个个历史时刻，并承载了上海市民的集体记忆——一场场赛事、一台台明星演唱会、一次次大型集体活动。

然而，这些体现了上海创新精神的场馆也在岁月的流逝中不可避免地"老去"。21世纪初，美国NBA为了扩大在中国的影响，曾计划把一场季前赛移师上海。但NBA官员来上海体育馆实地考察后，却因场馆的硬件条件无奈地否定了这个设想。这几年，包括首都体育馆在内的大型场馆都启动了更新改造。2017年，以昔日"三件套"为核心，徐家汇体育公园开工建设，以"体育+公园"的理念，重塑这片位于市中心繁华之处的公共空间。

此次改造，上海体育馆保持原有风貌，进行结构加固，焕然一新的内部更适合承载国际顶级赛事；游泳馆拆除看台，剥离赛事功能，成为一个专业训练场所；上海体育场增加配套设施，便于举办田径赛事和草地运动。"二馆一场"前的公共空间，被打造成庆典广场，北面空间形成有氧公园，以环形健身跑道串联南面的运动公园。

"在方案设计阶段，我为了给久事体育集团和设计方提供规划设计建议，多次到实地回访。走访最密集的那段时间正值高温，对我的身体是种挑战，但每一次走访都会获得新的感受。"年近90岁的魏敦山一次次冒着高温走访现场，他对记者说，建筑师要不断体验生活。在60多年前他刚刚入行时，曾经设计过医学院的尸体解剖室，尽管害怕，还是要一次次走访了解建筑要满足的使用功能；而在设计精神病院的时候，他的同事在和他一起参观精神病院时，还被患者打了一巴掌。

如今，由他主持设计的上海国际体操中心整体改造工程正在紧张施工中。从事建筑设计近70年的他，将低碳节能等先进理念注入到这座地上3层、地下4层的综合性体育馆，建筑立面特别选择了运用太阳能蓄电和发电技术的玻璃幕墙。考虑到市中心用地紧张，设计团队

上海国际体操中心效果图

尝试将多种体育空间垂直叠加,借下沉式广场充分利用地下空间,并围绕建筑主体设置提供兼具休闲和疏散功能的开放空间。

对历史文化与城市记忆的传承延续,是魏敦山在改造中秉持的重要原则。改造后的上海国际体操中心外观呈球形,在平面和空间上能最好地与周边环境相融合,保留原有建筑扁球体的一抹记忆,同时亦有全新突破。暮色四合,建筑配以幕墙 LED 灯光,将比赛场内运动员竞赛的精彩场景呈现在球体表面,成为一颗通透、闪亮的夜明珠,与黄浦江东岸江欢成院士主持设计的东方明珠遥相呼应。

(本文图片提供:上海建筑设计研究院有限公司)

程泰宁院士：

回归自然，中国语境下的城市有机更新

采访时间：2022 年 9 月

程泰宁院士

中国工程院院士、全国工程勘察设计大师程泰宁，是中国第三代建筑大师的代表人物之一。他设计了 150 多座建筑作品，并发表了 100 多万字的学术论著，用数十年的时光"找一条中国建筑师的路"。他在创作中彰显中国特色、中国风格、中国气派，并为"建构中国建筑文化体系"大声疾呼。

在中国建筑文化论坛 2022 暨中国建筑学会建筑文化学术委员会学术年会现场，程泰宁院士曾呼吁，希望能在中国哲学、美学的基础上，以"回归自然"的思维模式诠释建筑，从而构建一个既有中国文化精神，又能为世界建筑贡献中国思考，具有普适性的理论体系。

接受记者采访时，程泰宁院士再次强调了"回归自然"。作为中国建筑学会建筑改造和城市更新专业委员会顾问，他指出，城市更新的观念从未像今天一样深入人心，但同时也面临着巨大的挑战，应以"回归自然"的思维模式探索有中国特色的城市更新发展道路。

自然·整体的思维模式

自然·整体的思维模式，始终贯穿于程泰宁的设计生涯。

1982 年，杭州第一家合资饭店黄龙饭店筹建，投资方邀请美国建筑师韦尔纳·贝克特和香港建筑师严迅奇进行设计。当时中国刚刚改革开放，建筑走向现代化约等同于西化，因此定位为接待外宾的酒店项目，约定俗成要请具有国际声望的建筑师执笔。

在外资事务所的设计方案中，建筑物如"大墙"般横亘于自然环境与城区之间。时任杭州市建筑设计研究院院长的程泰宁意识到那个方案对周边环境考虑不够，于是毛遂自荐参加竞选。为了规避"大墙"的设计，程泰宁借鉴了中国绘画的"留白"，采用此前没有先例的"单元—成组—分散"酒店建筑模式，最终以全票胜出的优势赢得了评审的认可。在他的排布中，酒店建筑不是宝石山与城市在空间上的隔断，而是作为自然环境与城市之间的过渡中介，通过综合整体的设计解决了所有问题。

2004年，黄龙饭店入选"中华百年建筑经典"。程泰宁在后来回忆道："另外两个团队的设计水平都很高，酒店设计的经验更是比我们多。帮助我们赢下竞赛的不是技术，而是中国的文化精神和整体性的思维方式，是'视天地万物为一体'的中国哲学精神。"

杭州黄龙饭店庭院景观

经过四十多年经济发展，城市化进程呈现了史无前例的快速增长。2007年，黄龙饭店改扩建工程启动，程泰宁作为项目评审和顾问，与美方设计师共同完成了建筑美学风格的再理解和再创作。在城市更新的背景下，程泰宁不仅以开放的态度接纳后来者在自己作品上"动土"，还敢于在建筑前辈的作品上增添笔墨。南京博物院，这座由梁思成、杨廷宝、刘敦桢及徐敬直等中国老一代建筑大师先后主持或参与设计的大型综合类博物馆，于2009年由程泰宁主持设计，其二期改扩建工程全面启动。

1936年动工的南京博物院，最初由当时著名的建筑师徐敬直设计，后在梁思成、刘敦桢指导下，修改为仿辽代大殿建筑。风云变幻的20世纪，见证了南京博物院的厚重与沧桑。1937年，它因抗战爆发而停建,至 1950 年代初仅建成人文馆。在南京人程泰宁看来,这座博物院承载着南京的城市记忆,也凝聚着一代代建筑师、守护者的心血。怀着尊重与敬畏之心,他将新馆创作视为"南博"历史传统的延续,以补白、整合、新构作为改扩建的设计理念。

"表达新旧的关系,要在气质、调性、精神上都有所体现。"程泰宁表示,新建的南博二期工程如何保持与老建筑的协调,是最大的难点。他反对照搬传统建筑中的具象形式来表达中国文化,而赞成冯友兰先生提出的"抽象继承",即重视建筑本身的"韵"与"境"。

杭州黄龙饭店庭院景观

在老一辈建筑大师们"合力"打造的大殿旁边,南博二期建筑在外立面看不出任何中国传统建筑元素,没有柱子、梁头、传统的屋顶。程泰宁将竹简元素抽象为新建筑的立面线条,完成一场跨越 90 年的对望。

南京博物院官网显示,由程泰宁主持的改扩建遵循"新旧建筑结合,地上地下结合"原则,保留了以紫金山为背景的天际线和以大殿为主体的历史馆,同时改造了艺术馆,并新建特展馆、民国馆、数字馆、非遗馆,形成"一院六馆"格局。建筑布局体现了"金镶玉成,宝藏其中"的理念,在前后关系、檐口高度、材质颜色以及细部装饰等方面形成了视觉平衡。

文化自信导向下的建筑创新

"建筑之良窳,可以觇国度之文野",《中国建筑》杂志 1932 年的发刊词,将建筑的优劣提升到国家文明的高度。

2011 年,程泰宁牵头启动中国工程院咨询研究项目"当代中国建筑设计现状与发展研究",引发业界和社会对于建筑文化自觉自信的关注。针对当时建设热潮中出现的"千城一面""奇葩建筑"等建筑乱象,程泰宁认为,实践层面反映出来的许多问题都与评价体系相关,归根结底是因为中国建筑缺乏自己的理论基础。"文化自信必须建立在文化自觉上,要在当代语境下,对中西文化进行历史的、科学的分析比较,了解中西方文化各自的来龙去脉和优劣短长,从而真正认清世界文化(包括中国文化)的发展方向。就建筑领域而言,要做到文化自觉,进一步对中西方建筑文化进行深入的比较和分析,是无法回避的。我们必须丢掉'盲目崇洋''回归传统'的惰性思维,以坚定的文化自觉推动中国建筑的创新。"

程泰宁认为,中国建筑需要形成自己的思想与理论内核,并逐步建立起建筑理论体系。他尝试从中国哲学出发,找到属于当代中国人对世界、对建筑的认知方式,构建一种以语言为载体和手段、以意境为美学特征、以境界为哲学本体的建筑理论。"以境界为哲学本体,就是从自然、自我角度出发,追求主客体和谐共生,追求建筑与大环境'浑然天成';以意境为美学特征,就是要从人的情志和心理感受出发,超越物象束缚,追求'象外之象''境外之境',使建筑更具艺术感染力;以语言为载体和手段,就是要摆正语言在创作中的位置,避免片面追求形式的倾向,同时通过语言的不断转换创新,追求它与境界、意境的内在契合。"

2022年9月,在中国建筑文化论坛2022暨中国建筑学会建筑文化学术委员会学术年会现场,程泰宁发表"是建构中国建筑文化体系的时候了——'现代性'的反思和新构"主题演讲。在演讲中,他从自己多年的实践与研究工作出发,鼓励中国的建筑学人参与到中国建筑理论的研究与建构中,以从中国文化出发的建筑理论来支撑实践创新。

整体性思维下的城市更新

由程泰宁创立并主持的筑境设计多年来深耕城市更新领域,坚持以学术化的观点系统思考城市更新模式。除南京博物院外,在国家首批城区老工业区改造试点、国家可持续发展实验区首钢园区,筑境设计打造了首钢西十冬奥广场、首钢三高炉博物馆、首钢六工汇等项目。其中,满载着工业时代荣光的"三高炉",在保留其历史风貌与岁月痕迹的同时,通过艺术化的表现方式,成为首钢园区最具有识别性与独特性的存在,并成为众多品牌的全球首发平台。

程泰宁认为,中国文化中的整体性思维对于当前中国的城市更新实践具有重要的指导意义。

首钢星巴克冬奥园区店夜景

城市更新是一个复杂的系统性工程，设计与实施过程中要考虑到多种复杂要素的影响与多元主体的利益，同时体现地方的集体记忆、文化精神。它不是在一张白纸上画蓝图，而是在调整、平衡、协调的基础上实现环境的新生，是所谓"中和位育、安所遂生"。

程泰宁主持的许多建筑设计与城市更新项目都处于复杂的城市环境中。在他看来，要做好设计，就必须要有一种整体性的思维，需要综合性地考虑建筑与自然景观、建成环境、气候地理、社会人文等多重关系，还要兼顾社会、经济、文化、治理等多重目标。同时，也要充分认识到设计工作本身充满了不确定性，这既源于建筑设计问题的复杂性，也在于建筑设计追求的是对"善"与"美"的无限趋近，而非唯一正确答案。这里的"善"是与价值取向有关的，是对整体关系的平衡和公共利益的最大化。面对充满多重可能性的未来，设计，就是那座通向美好生活的桥梁。

（本文图片提供：筑境设计）

东方明珠设计者江欢成院士:

从地标打造到地标更新

采访时间:2022年8月

江欢成院士

在上海,人们对地标的认识,往往从东方明珠开始。中国工程院院士、全国工程勘察设计大师、著名工程结构专家江欢成于1985年担任华东建筑设计研究院总工程师。1984年,上海市政府工作报告正式提出将新建一座电视发射塔;1989年,在上海市委常委的一次会议上,江欢成任设计总负责人的"东方明珠"在12个候选方案中脱颖而出,当时相关领导称其可以成为上海的landmark(地标)。

于1990年代最先提出"城市有机更新"的两院院士吴良镛用"大珠小珠落玉盘"来形容这座当时的亚洲第一、世界第三高塔;中新社报道称"了解古代中国要看西安兵马俑,了解现代中国就要登上海东方明珠广播电视塔";英国《今日建设》杂志则给出"伦敦有塔桥,巴黎有埃菲尔铁塔,上海有东方明珠"的评价。

东方明珠落成后,江欢成又担任曾经的中国第一、世界第三高楼金茂大厦的业主设计顾问组组长。接受记者采访前,这位从事城市建设近一个甲子的地标打造者查阅了大量城市更新相关新政,并针对采访提纲里的问题在笔记本上预先写出回答。在这些手写的回答最后,他写下重要声明:"本人是结构工程师,不懂规划,不适当地接受了澎湃新闻网对城市建设和规划的采访。我的看法,尤其在城市更新和规划方面,只是一个市民的看法,不是院士的看法。"

建筑和结构设计
ARCHITECTURE AND STRUCTURE

结构设计 Structural design

"东方明珠"广播电视塔结构概念
The structural concept of ORIENTAL PEARL TOWER.

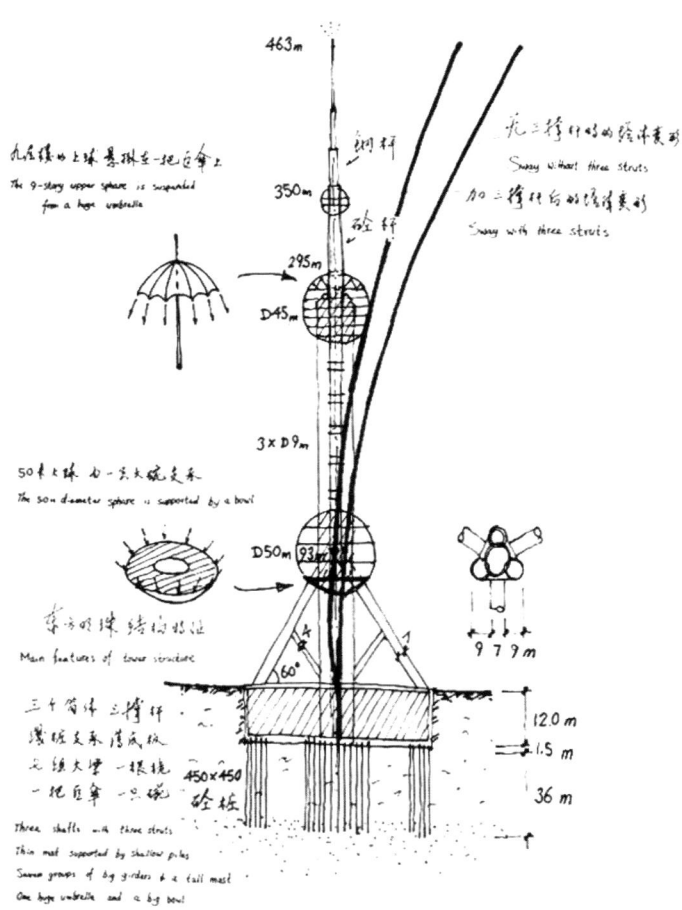

江欢成手绘的东方明珠结构概念图

江欢成院士接受澎湃新闻记者采访

而事实上,在参与了两大地标打造后,1998 年,江欢成在上海现代建筑设计集团内成立 JAE(江欢成建筑设计事务所,2005 年改制为股份制民营有限公司)。在他的主导下,JAE 对一座座上海地标进行了保护性修缮与更新。2001 年,JAE 对始建于 1954 年的上海展览中心进行了大规模修整;2002 年,JAE 作为技术顾问,联合其他合作方将上海音乐厅整体抬升 3.4 米,移位 66.46 米,为延安路拓宽让道;2004 年起,JAE 投身思南公馆整体综合改造,从一期到二期,历时十余年,以保护、保留历史建筑为核心,谨慎添加筑构时尚休闲商业区、花园别墅区、现代生活居住区。

"对'城市更新',我的理解是变化和发展,变化不忘前人,发展前瞻未来。历史保护建筑的'修旧如旧',我看重在'如'字,是'如旧'而不是'回旧',在大格局上如旧,以不忘传承,但该变的还是要变,让它焕发青春,以适应当代生产生活的需求。"江欢成告诉记者,特殊的纪念建筑不能变,大多数都要加固和改造,新天地和思南公馆的改造,是不错的城市更新案例。

关于东方明珠的 7 个场景

跨年烟火,建党一百周年的无人机表演,世博会、进博会的灯光秀……每当重要时刻来临,东方明珠牢牢占据盛大而璀璨的画面中央,它是满城琳琅的焦点,是这座城市的荣耀图腾。

很多人会用来到上海后的第一笔工资买一张"巅峰票"。东方明珠业主方曾做过统计,因为这座地标,游客们在上海多停留了半天时

建成 28 年后,东方明珠仍是满城琳琅的焦点

间。从游客、市民到名流政要,每个人都有关于东方明珠的独家记忆。作为东方明珠的设计总负责人,江欢成的"独家记忆"是 7 个场景。

第一个场景是摆在东方明珠里面的 12 个 1988 年投标的模型。1980 年代,因原有发射塔不堪负担,北京、天津、武汉等城市开始修建全新的广播电视塔。为了修建一座能体现上海国际风范与腾飞寓意的电视塔,共有 12 个方案参与竞标,其中,华东院的 5 个方案分别命名为:东方明珠、白玉兰、申、跃上穹隆、飞向未来。考虑到斜撑施工难度大及球体不利于工艺设备布置,备受专家推崇的东方明珠曾经差点在评审会上"夭折"。当时相关领导说了一句关键的话:"上海得有敢想敢做的劲头。上海要建的这座塔,是一座超常规的、100 年后都不会后悔的塔。"

第二个场景是现场设计室工棚门口的标牌——创上海腾飞标志,树世界建筑丰碑。1991 年,作为东方明珠建设工程副总指挥,江欢成率领由 30 人组成的设计组进驻现场。除了将这两句话作为设计的座右铭,他还在设计室的墙上挂上埃菲尔铁塔、自由女神像、金门大桥及悉尼歌剧院的图片,作为赶超的目标。"到底有没有赶超,要大家来评判。东方明珠的业主方表示,目前全世界观光电视塔中人流最多的,一个是埃菲尔铁塔,一个是东方明珠。从这个角度来说,它已经比肩甚至赶超了当时设定的目标。"

第三个场景是设计室图板上的灰尘和地板上面的坑。当时,浦东开发的号角刚刚吹响,陆家嘴到处是塔吊。住在临时工棚里的设计团队每天早上起来第一件事是擦图板上的灰尘,因为长年累月伏案做设计,每个人座位底下的地板都形成了一个坑。

第四个场景是从南京路外滩看东方明珠,仿佛在看画、唱诗、听音乐。"嘈嘈切切错杂弹,大珠小珠落玉盘。"

第五个场景是曾有外国元首提出"东方明珠造歪了",时任上海副市长赵启正回应:从不同角度看,东方明珠都不一样。这是变化的美,犹如斗转星移。江欢成解释,三个筒体和圆球除了三个正视图之外,看起来都是偏心的,有种不稳定的"错觉"。为了改善这种错觉,球体下部的斜撑,特意支在有倾侧感觉的一边。

第六个场景是他出差阿联酋,踏进机场,迎面就是东方明珠的照片。

第七个场景是英国《今日建设》杂志曾用5个版面报道东方明珠,并评价"伦敦有塔楼,巴黎有埃菲尔铁塔,上海有东方明珠"。

上海城市建设的9个关键词

"再过两个月,我从事建筑设计就整整一个甲子了。"江欢成告诉记者,自1963年从清华大学土木工程系毕业后,他在上海60年,目睹了上海城市建设的伟大变迁,感慨万千。

1963年2月他第一次来到上海时,除了外滩、南京路之外,几乎都是低矮的房子。1964年,他参与设计了8层楼的虹桥机场指挥塔,令老工程师们羡慕不已。"当时居住条件不佳,我住凤阳路100弄5号,那是一栋2层楼3开间的石库门房子,住了14户人家,共用一个水龙头。交通主要靠自行车和公共汽车,挤公交车时需要互相帮忙推一把才能上去。绿化仅有屈指可数的几个公园,如人民公园、西郊公园等。"

江欢成表示,改革开放后,城市建设发生了翻天覆地的变化,尤其在基础设施方面。而今,距离他初来上海接近60年之后,他用9个关键词概括上海的城市建设——大桥、高架、地铁、高楼、小区、水清、水净、绿色、步道。"黄浦江13座大桥,把浦西浦东连成整体;130千米的高架道,市内外血管通了;831千米、20条地铁,508个站点带动了508片热土;930

多幢百米以上高楼连同小区建筑，使上海人均住房面积从小于 4 平方米提高到超过 20 平方米；苏州河的臭水变成清水，鱼、水鸟多了；饮用水干净了，青草沙水库等工程立了大功；人均绿地面积从一双鞋的大小扩大到一页报纸，再到一张床，到一间房间；绿道 1093 千米，大大提升了人们的幸福感！"江欢成表示，让他印象最深刻的是延中绿地，它是市中心的"肺"，大大提高了周边土地价值。这位院士用一连串的数字来证明上海城市建设的巨大发展，在他手写的回答里，排布着一连串的感叹号，字里行间，流露出一位从事城市建设近 60 年的专业人士的振奋与澎湃之情。

从地标打造到地标更新

从 1990 年代的"一年一个样，三年大变样"到"十四五"规划中的"全面实施城市更新"，随着时代及城市发展，城市建设者面临着不同的命题。"我们工作的出发点，是满足当时的需要。过去是解决'有'和'无'的问题，现在要解决的是传承和发展问题，要不断满足人民群众对美好生活的需要。"

在参与两大地标打造、刷新城市高度之后，江欢成在历史建筑保护方面进行大量探索与实践：2001 年，他主导的 JAE 对始建于 1954 年的上海展览中心进行了大规模修整，使这座历史建筑焕发新生，同时优化了区域空间环境；2002 年，JAE 作为技术顾问，联合其他合作方将上海音乐厅整体抬升 3.4 米，移位 66.46 米，

2004 年起，江欢成带领的 JAE 与夏邦杰建筑设计公司共同担负起思南公馆的改建与更新

为延安路高架让道……

在对地标性历史建筑进行保护性修缮的同时，从 2004 年起，江欢成带领的 JAE 与夏邦杰建筑设计公司共同承担起思南公馆的改建与更新。经过保护、整治规划与建筑设计，这处一度被"72 家房客"分割的花园洋房从"城市伤疤"蜕变为"城市名片"，成为地标性的网红打卡点。

"把思南公馆原天主教嬷嬷宿舍改为公馆宴会厅，用技术手段让原本南北朝向的建筑旋转 90 度，变成东西朝向，让这座连拱式建筑最漂亮的连拱朝向重庆路，提升沿街形象，也显得很有仪式感。同时，为整个地块腾出了一片空地，用于建造新建筑，实现经济收益。"

对于成片的花园洋房，JAE 则采取了"掘地三尺"与"削尖屋顶"的方式来扩大空间，以满足当下的使用需求。江欢成告诉记者，思南公馆花园洋房的底层原本是工人房，为了提升层高，向下挖了 60 厘米，使之成为一个"像样的空间"。现在，这些改造后的建筑很多都被用作酒吧；而对于层高同样局促的阁楼，江欢成则通过稍微抬高一点屋顶的手段，一方面维持原有形象，另一方面使内部功能得以完善。

2022 年年初，黄浦区委常委、副区长洪继梁专程走访江欢成院士及 JAE，并就黄浦区新一轮城市更新，特别是外滩第二立面的更新改造、城区历史风貌保护等工作，听取他的意见和建议。江欢成告诉记者，对于外滩第一立面，他曾有过大胆设想。由于防洪堤提高影响了外滩的亲水性，并让"万国建筑群"的壮观打了折扣，这位结构专家的设想是把第一立面建筑提高几米，"技术上是办得到的，但影响太大"，并笑称"做梦而已"。外滩第二立面的更新是指四川路以西一带的改造，他对此的想法是：维护和发展商业特色，如金陵东路的骑楼商业、福州路的文化产业、北京路的机电市场等；同时，进行地下空间开发，让几条道路在地下相通。"难度也不小，穿地铁，移管线，绝非小事。"

汪大绥大师：

高层建筑要稳健发展并跟上城市更新步伐

采访时间：2022年8月

汪大绥大师

全国工程勘察设计大师、华建集团华东建筑设计研究院有限公司（以下简称"华东院"）资深总工程师汪大绥是天际线的攀登者。从"带斜撑巨型空间框架结构"的上海东方明珠广播电视塔，到"带斜撑巨型框架—筒体超高层结构"的上海环球金融中心；从"双塔刚性连体结构""国内最高的门式建筑"苏州东方之门，到"屈服后钢板剪力墙超高层结构"的天津津塔、"全球最高三塔刚性连体结构"的南京金鹰天地广场……一座座城市的天际线在不断生长，结构大师在参与这些复杂工程的过程中实现了一次次创新。

"中国在高层建筑领域的飞速发展引起了全世界同行的瞩目。根据已建成和在建项目推测，2020年全球最高的20栋超高层建筑中，中国占了一半以上。"2021年，在"我国超高层建筑结构的发展与展望"的学术讲座上，汪大绥表示，中国已当之无愧地成为世界高层建筑第一大国。

他告诉记者，中国的发展到了目前这个阶段，因地制宜、合理地建造高层建筑是一个不可替代的选择，这主要由三个条件决定：第一个是城市化，大量农村人口要进城；第二个是中国可供建造的土地资源很少；第三个是我们有能力，包括经济能力、技术能力、材料供应等。

经过数十年的蓬勃发展，针对高层建筑的更新改造已经在各大城市展开。汪大绥表示，就结构体系而言，高层建筑难以进行"大刀阔斧"的改造，如层高、梁柱等都是难以改动的"硬骨头"。

因此，赋予新功能或改善整体建筑环境，如推动绿色低碳、数字化、智能化等，将是"城市天际线改造"的主要方向。

一座城市的百年生长

从1920年代第一座超过十层的"摩天大楼"沙逊大厦（今和平饭店，77米高）起，上海开始了天际线的攀登之路。1934年，83米高的国际饭店落成，高楼大厦已"屹立"为上海的城市特质。此后，因战乱及1949年之后的国力所限，上海的天际线一度停止生长。

"改革开放初期，为了外事接待、发展旅游业，建造的第一批高层建筑就是涉外饭店。1980年代初，上海的两个新建宾馆打破了国际饭店保持了近五十年的第一高楼纪录。"汪大绥曾负责上海华亭宾馆的结构设计，据他回忆，这座29层高的建筑开创了若干先河。它是解放后上海第一个聘请外资建筑事务所提供设计方案的项目，其中设有上海首个观光电梯、首个音乐喷泉，且首次采用了全玻璃幕墙体系。在结构设计方面，则首次采用了带大跨度转换层的复杂框架—剪力墙结构。

"宾馆将5层作为设备层，5层以上是标准客房，5层以下是公用部分，如餐饮、娱乐等。由于公用部分需要较大的空间，这就造成了建筑5层以上和5层以下对柱子的需求不一样。"汪大绥用"大柱网向小柱网的转换"来解释这一复杂的转换结构。1986年发表在《建筑结构学报》的文章中，他亦对转换结构进行了专业阐释——纵向外框架有约一半的柱子不能落到基础，因此在设备层利用外墙设置了转换深梁来进行荷载传递。

天津津塔

从这座 90 米高的建筑开始,汪大绥和这座城市一起向上攀登。1985 年,上海第一个高度超百米的高层建筑联谊大厦落成,同时,它也是上海最早的框架—核心筒结构和第一个采用玻璃幕墙的高层建筑;1994 年,带斜撑的巨型空间框架结构东方明珠,以其 468 米的绝对高度成为当时亚洲第一高的电视塔;2008 年,带斜撑巨型框架—筒体超高层结构的环球金融中心,将上海的天际线抬升到 492 米,同时,它也是国内首个采用调谐质量阻尼器来控制水平位移的工程。

中国高层建筑四十年

透过华建集团汪大绥大师工作室的介绍,我们仿佛看到一道壮丽的天际线在中国城市上空跃然升起——国内最高的原创超高层建筑(武汉中心)、国内结构高度最高的建筑(天津 117 大厦)、全球最高三塔刚性连体结构建筑(南京金鹰天地广场)、国内最高的门式建筑(苏州东方之门)……这些建筑都出自华东院设计人员之手。

2019 年,在第七届全国建筑结构技术交流会上,汪大绥回顾了高层建筑四十年的发展历程。他表示,中华人民共和国成立以后的前三十年,由于经济建设的重心是发展工业,因此很少建造高层建筑,直到 1970 年代中后期才建造了少量的高层住宅,基本上都是钢筋混凝土剪力墙结构,高度在 20 层以下,城市面貌变化很小。

"改革开放促进了经济的全面飞跃,也给高层建筑的发展带来了前所未有的机遇。1980 年代初期,上海为适应外事活动的需要,建造了联谊大厦、雁荡大厦、上海宾馆等高层建筑。1990 年中央决定开发浦东,在陆家嘴这片热土上,世界各国建筑师大显身手,短短几年里集中建造了金茂大厦、交银大厦、中银大厦、上海银行大厦、证券大厦、环球金融中心等摩天大楼。"

苏州东方之门

上海联谊大厦

伴随一座座高楼拔地而起，上海作为一个国际大都市的形象逐渐深入人心。那些直插云霄的建筑将设计和施工推向更高水平的同时，也培养和锻炼了大量优秀的专业人才，为国内其他地区甚至国外提供高质量的技术服务。汪大绥告诉记者，包括北京、天津、深圳、重庆、武汉、南京、昆明、成都、合肥、长沙等，国内很多城市的地标级高层建筑都出自上海设计师之手，其中比较著名的工程项目有央视新台址、天津117大厦及津塔、南京紫峰大厦、苏州东方之门、长沙九龙仓国际金融中心、武汉中心等。

四十年的攀登不息，令结构高度从改革开放之初的不到100米，逐步超越100米、200米、300米直至600米的各个台阶；结构体系亦在不断拓展，从剪力墙和框架—剪力墙结构起步，直至巨型结构，当今世界上高层建筑的各种结构体系都在上海乃至全中国得到了实践。

从刷新天际线到改造天际线

在《癫狂的纽约》一书中，荷兰建筑师库哈斯将摩天楼称作"自体的纪念碑"。经过四十年的不断发展，中国城市已经生长为庞大的"纪念场"与摩天大楼竞技场。当被问及发展高层建筑是否符合"双碳"目标，汪大绥表示，对于中国这样一个人口密度高、建设用地紧缺、城市化进程高速推进、大量农村人口涌入城市的国家，高层建筑的出现有其必然性。设计合理、符合生态和节能要求的绿色高层建筑是必然选择，而过高的高度、过高的密度，从生活和生态的角度考虑，是不可取的，进行适当限制也是必要的。以高楼大厦闻名的上海，对高层建筑控制得比较合理，例如住宅领域，绝大多数控制在100米以下，超过150米的高层建筑属于极个别的特例。

2021年，《中华人民共和国国民经济和社会发展第十四个五年规划和2035年远景目标纲要》明确提出实施城市更新，将城市更新上升为国家战略。而在此之前，华东电力调度大楼、上海世茂广场等曾经的"上海名片""浦西最高楼"已经开启了改造升级，一幢幢来自1980年代、1990年代甚至2000年代的高层建筑步入更新模式，这座频频刷新天际线的城市，开始了改造天际线的历程。

汪大绥认为，高层建筑要稳健发展并跟上城市更新的步伐。真正绿色的、可持续的思路是把它们建得更好一点，在建设的阶段就加大投入，赋予它们强大的、健康的基因，这是实现建筑"延年益寿"的根本。

唐玉恩大师：

城市更新伴随城市发展持续进行

采访时间：2021年9月

唐玉恩大师 邢澄摄

黄浦江边，"万国建筑群"屹立成城市图腾，希腊式穹顶与爱奥尼克立柱，见证着现代金融事业的崛起之路。苏州河畔，四行仓库屹立为民族脊梁，弹痕累累的西墙，回荡着八百壮士守土护国的奋不顾身。激荡、繁华、求索、英勇，上海的建筑宛如历史的年轮，让城市成为一本打开的书，诉说着岁月的变迁。

2020年12月，全国工程勘察设计大师、上海建筑设计研究院总建筑师唐玉恩在演讲"路漫漫兮——历史建筑保护设计之上下求索"中回顾了上海1950年代以来的城市更新历史。上海建筑设计研究院自1950年代起，便承担了近百项历史建筑保护设计项目。豫园、外滩12号（原汇丰银行大楼）、中共一大会址……在一座座抖落历史灰烬破茧重生的建筑背后，是漫漫七十年几代大师前赴后继的保护与修缮。

"城市更新不是和过去一刀两断，这既不符合历史的发展规律，也不符合城市的演进轨迹。"唐玉恩曾主持和平饭店保护扩建、四行仓库复原改造、原跑马总会大楼（今上海历史博物馆）改造等著名历史建筑保护利用设计。她认为，城市在漫长的发展过程中，必定会留下几代人甚至更多代人的历史记忆。"经过对历史建筑建造质量、留存意义的甄别，确定'留''改'还是'拆'。城市更新进程中应既有保护、又有重塑，新和旧不断地融合发展，不同时代的文化层层叠加、共存，体现城市的层次感、包容性，以及可持续发展。"

路漫漫兮，跨越七十年的历史建筑保护之路

1923 年，外滩迎来了占地最大、立面最宽、造价最昂贵的建筑——汇丰银行大楼。其希腊式穹顶撑起了上海第一条天际线，六根爱奥尼克式立柱贯通二至四层。这座当时人们眼中"从苏伊士运河到白令海峡间最讲究的建筑"，时至今日仍是外滩最壮丽的一道风景线。

1949 年之后，外资银行从外滩撤离，政府机关迁入，崛起于 1920 年代左右的"万国建筑群"迎来了第一次"更新"。其中，位于外滩 12 号的汇丰银行大楼于 1955 年改为上海市人民政府大楼。

唐玉恩介绍，上海建筑设计研究院的前辈们采取了保护修缮的方式，完成了 70 年前外滩的功能转变。"建筑的使用性质发生改变，涵盖的内容不同，要根据使用需求进行修改。比如，原汇丰银行大楼的八角门厅上方，绘有当时汇丰入驻的八座城市主题壁画，与政府的形象不匹配。"时任上海民用建筑设计院（现为上海建筑设计研究院）院长陈植认为，这八幅马赛克壁画体现了建筑的艺术价值。这位中国第一代建筑师中的佼佼者没有选择拆毁的方式，而是用涂料将壁画遮挡起来。这一"干预最小"的保护更新方式，为外滩建筑预留了在数十年后二次蝶变的可能。

1990 年代，为增强上海经济中心地位，上海市政府决定恢复外滩金融街的属性，外滩一线的机关办公大楼逐步置换给中外金融及商务机构。大规模的保护修缮工程伴随置换计划启动，外滩建筑群于 1996 年获评全国重点文物保护单位，进一步推动了外滩"保护与合理利用"。

1995 年，上海市委、市政府率先从外滩 12 号迁出，浦发银行入驻，成为外滩的"门面担当"。在重新作为银行大楼投入使用前，这座外滩最昂贵最宏丽的建筑开始了为期两年的保护修缮工程。整个项目的中方负责人为上海建筑设计研究院时任总建筑师章明。仿佛是一场隔空呼应，当初被老院长保护下来的马赛克壁画在章明的主持下重见天日。经过 40 个工作日"不用刀钳、不伤筋骨"的清除，200 平方米的壁画从 4 层覆盖物下露出了真容。

"敬畏历史，如履薄冰。"回顾上海建筑设计研究院前辈们在历史建筑保护修缮方面的探索，唐玉恩表示，陈植等前辈凭借深厚的学术功底和匠人精神，维护了历史建筑的原真性和整体性。一代代建筑师为历史缝上细密的针脚，与外滩建筑群一道被唤醒的，还有城市的历史文化。"历史建筑静静地矗立在城市各处，从不同角度、不同层面阐述着城市的文化品质、历史进程和城市精神。"

唐玉恩同时也强调，一座城市对历史建筑的态度，体现了城市的文明程度和科学性、先进性。如果只有建筑师"一厢情愿"，那是绝对做不到的："哪些建筑需要保护、哪部分必须保留保护、哪部分可以改造，这些问题都要认真调查、科学分析。从这个角度看，上海在全国范围内走在了前列。除了国家层面上的法律，上海始终在探索并推进相关的法规条例等，这些年大家也都看到了不少成果。"

让历史建筑有尊严地走向未来

"没有一座建筑能比和平饭店更能胜任上海的纪念碑。"作家陈丹燕曾对昔日"远东第一高楼"做出如上评价。1929年，上海首座超过10层的摩天大楼崛起于南京东路和外滩的交叉口，卓别林、萧伯纳、马歇尔此后造访上海都下榻于此。

"酒店就要大修了，要恢复到30年代末大战前夕的面貌，那时它是远东最豪华的酒店之一。"《成为和平饭店》中，陈丹燕提及和平饭店在开业近80年后首次停业"大修"，该工程经国家文物局审批、时任上海市市长亲自批示、市文管委发文。2007年，在时任上海市建筑学会理事长罗小未等十余位专家的全程指导下，唐玉恩带领上海建筑设计研究院的设计团队开始了历时三年的保护修缮与整治扩建。

唐玉恩团队首先面临的是产权分置、流线不顺的问题。由于1949年之后大楼由三个系统接管，底层的"丰"字形廊在更新前被分隔成三个部分使用：中国电信占据西边；银行占据东边；外贸商店占据八角中庭，并在其中搭建了夹层和楼梯，和平饭店正是由此进入。

在有关各方支持下，本次工程在保护修缮老楼的同时，将老楼西侧原占地仅 2200 平方米的后勤场地扩建为新楼，以置换中国电信的办公房，并补充完善顶级酒店所需的配套用房等。当城市由工业时代迈入后工业时代，这座拥有当时最先进的钢结构、电梯、冷热水、暖气等设备设施的大楼已不能满足当代顶级酒店的硬件需求。唐玉恩团队在新建大楼的 2 层增设泳池，8 层增设机房、厨房等。针对老楼，除了全面整治东、南、北三个立面之外，还重新做了空调冷热源及水系统、消防、电气等设计，并重新布置了客房平面、放大了卫生间。

"设计的难点之一是如何在保护的前提下，利用隐蔽部位或非重点保护区，巧妙植入设备。"唐玉恩回忆道，为了满足保护要求，同时提高对现代规范的适应性，设计团队利用各种隐蔽空间，系统提升使用品质，如"在八角中庭天窗中央升起部位的侧窗设消防用自动排烟系统；在八角中庭四块斜墙面浮雕的上方及两侧设计长窄条形送回风口；底层'丰'字形廊为保护天花藻井，将立式风机盘管隐蔽于装饰柜中"。

在对内部进行现代化改造的同时，唐玉恩团队也回答了城市更新中的"新旧共生"问题。"新楼的南京东路立面檐口、窗口等元素与老楼相呼应，外墙花岗岩石材颜色与老楼接近而具有识别性，铝合金中空玻璃窗的颜色和风格也与老楼保持一致。"

历史总是极为相似。1990 年代中期，唐玉恩的前辈章明在外滩 12 号（原汇丰银行大楼）的保护修缮中让隐没在涂料下的八幅壁画重见天日。十余年后，她的团队在对外滩 20 号（和平饭店北楼）进行修缮时，拆除后期搭建在八角中庭的混凝土楼板和弧形楼梯，恢复了底层"丰"字形廊的公共空间，使其得以贯通并还原历史风貌。

唐玉恩回忆道："在迁出中国电信与外贸商店后，我们恢复了八角中庭作为酒店公共空间中心的历史原貌，巨大的八角天窗钢构架被原位保留。"由于当时的材料限制，八角天窗在后期的使用中搭建了内外两层金属网以防止玻璃碎裂。"拆除金属网后，应用新材料，更新内、外层玻璃为夹胶安全玻璃。同时，内层玻璃色彩被设计为仿照原玻璃略带陈旧的效果。"

更新之后，电影《听风者》曾到此取景，周迅扮演的特工推开玻璃门，步入八角中庭，一派雍容景象映入眼帘，老上海黄金时代的质感扑面而来，历史于此处生动再现。

2013 年，唐玉恩出版《和平饭店保护与扩建》，原同济大学副校长伍江教授在序言中指出："这本书告诉了我们一个关于和平饭店前世今生的故事；讲述了一群建筑师如何让一座耄耋之年的建筑重新焕发新春；让我们看到了历史文化遗产的巨大魅力。"

每一处修缮都值得较真

如果说和平饭店是外滩的丰碑，那么四行仓库则是中国抗战的历史纪念碑。这座全国重点文物保护单位是 1937 年谢晋元率领"八百壮士"打响四行仓库保卫战的故地。

2014 年，由唐玉恩领衔，上海建筑设计研究院承担了四行仓库保护利用及部分复原抗战遗址设计，为实现上海市委宣传部"尊重历史，全面、完整、准确地再现当时战争情景"的设计要求，针对战斗最激烈、受损最严重的西墙，设计团队采用多种技术方法深入探查其炮弹洞口遗迹。"先以红外热成像仪对西墙内部进行无损勘探，监测其是否有洞口由导热系数相似的材料砌筑；同时，以摄影测量技术分析记录有战斗洞口的西墙历史照片，在

2010 年和平饭店保护扩建后　陈伯镕摄

立面图纸上准确还原洞口位置。经定位剥除小块墙内面粉刷后，终于查明四行仓库的初始墙体为红砖砌筑，1937 年战后曾用青砖封堵炮弹洞口，再作内外粉刷。青红砖砌筑的边界基本反映了当时的墙体洞口情况，历史照片中的炮弹洞口位置得到了真实的实物印证。"

在不能忘却的历史面前，每一处修缮都值得较真。唐玉恩认为，历史建筑的保护修缮始终要秉持"尊重历史""真实性""整体性"等基本原则，加强调研，实行分级分类保护，科学选用合适的新功能。

2015 年保护复原后的四行仓库西墙　陈伯镕摄

2021 年，城市更新上升到国家战略层面，相关政策也于 8 月起进入密集出台期：中共中央办公厅、国务院办公厅于近日印发《关于在城乡建设中加强历史文化保护传承的意见》，住房和城乡建设部发布《关于在实施城市更新行动中防止大拆大建问题的通知》《上海市城市更新条例》自 9 月 1 日起正式施行。

2021 年 9 月 15 日，在上海市建筑学会组织举办的城市更新最新政策学习研讨会上，唐玉恩再次强调了历史建筑、保留建筑分类分级保护的重要性和必要性："《上海市城市更新条例》很切合上海大面积旧改这一迫在眉睫的问题。在历史文化保护传承方面，上海很早就具备了这个意识，对于优秀历史建筑（也就是通常说的保护建筑），有非常明确的分类分级保护；对于保留建筑，现今的指导政策为操作空间留有余地，希望在这个条例的基础上，能够加强分类分级保留、改造的执行导则等研究。"

本文图片提供：上海建筑设计研究院有限公司

汪孝安大师：

向祖先学习低碳智慧，推进可持续模式下的城市更新

采访时间：2022 年 8 月

汪孝安大师

全国工程勘察设计大师、华建集团华东建筑设计研究院有限公司（以下简称"华东院"）总建筑师汪孝安出身建筑世家。从"一五"计划的重点工业项目开始，这个家庭便参与了中华人民共和国成立后的整个建设历程。

1979 年进入华东院的汪孝安，赶上了改革开放后城市开发的高潮。父亲汪敏勇在中国大地上留下工厂、码头、仓库等一座座工业基础设施，而他则以一座座重大项目"筑"力大城崛起——上海电视台电视制作综合楼、中共中央组织部办公楼、北京会议中心 8 号楼、中国 2010 年上海世界博览会文化中心（梅赛德斯 - 奔驰文化中心）、虹桥商务区核心区一期 08 地块……

经过数十年的不辍筑造，城市来到了存量时代。"双碳"目标之下，低碳、生态、可持续发展成为城市筑造者的时代命题，汪孝安提出"融入自然的建筑理想"。

"中国传统中有很多绿色生态的理念和实践，中国人最讲究自然通风、自然采光和与地域自然环境相适应的做法。上海地区的既有建筑改造应当有上海地区的特色，像外墙外保温的做法未必完全适应上海的气候特点和生活习惯。"汪孝安认为，我们应向祖先学习低碳智慧，因地制宜，以适宜性原则为指导，推进可持续模式下的城市更新。

中国 2010 年上海世界博览会文化中心（梅赛德斯-奔驰文化中心） 黄臻摄

"多样性是城市的天性"

"Less is a bore"（少即是无聊）。

普利兹克建筑奖获得者、后现代主义建筑奠基人罗伯特·文丘里（Robert Venturi）曾以这一理念对抗现代主义大师密斯·凡·德·罗（Mies Van der Rohe）的名言"Less is more"。相比后者"少即是多"的极简主义建筑哲学，罗伯特·文丘里认为群众喜欢的建筑往往形式平凡、活泼，装饰性强，又具有隐喻性。

延伸到城市设计领域，汪孝安同样赞同文丘里的一些看法，他援引简·雅各布斯（Jane Jacobs）"多样性是城市的天性"这一观点，认为上海的城市建设和城市更新应当保持城市的尺度感、亲切感，保持文化的多样性、生活的便利性，保持城市管理的人性化、精细化和生生不息的烟火气，而不应轻易消磨这座城市的特质。

建筑可阅读，便是上海的特质之一，也是"上海 2035 规划"所描绘的愿景。不同风格、不同年代的建筑合奏出一曲盛大交响,交汇成海纳百川的城市景象。

被问及如何"阅读"不同年份、不同风格的建筑,汪孝安回答:"传统建筑有几千年的发展历史,已经达到了炉火纯青的境界,它们以其精致的建筑尺度、建筑比例、建筑细部,以及承载的久远历史与人物故事吸引着人们的仰慕和关注。而当代建筑则凭借建筑技术的进步,形成了传统建筑所不具备的灵活通透的现代建筑空间语言,如超高层、大跨度大空间、共享空间、流动空间,以及与周边环境相融合的空间,等等。自由的建筑平面和建筑形态,以及千变万化的建筑材料所营造的建筑界面,都展示了当代建筑的多样性和灵活性,有很多引人入胜的亮点。同时,当代建筑也蕴含了丰富的文化基因,若充分发掘,同样具有深度解读的吸引力。城市惟有如此,才会丰富多彩。"

花样上海、海纳百川,本质上,都是简·雅各布斯强调的多样性。作为总建筑师,汪孝安认为,在城市界面或街区的规划上,不仅要追求建筑的多样性,也要看重附着在建筑之上的店面招牌的特色体现。因此,他不赞成对店招进行简单的、整齐划一的统一规划,提出应当在弹性协调的基础上,充分发挥经营者的智慧。

"群众中蕴藏着极大的创造力。"汪孝安认为,店主为了自己赖以生存的小店,会竭尽全力地去思考,什么样的店面、店招可以最好地呈现他们的服务内容和文化特质。一个个出奇制胜、富有创意的小店形象,共同成就了一座丰富多彩的城市。

中国传统文化蕴含低碳智慧

层出不穷的新技术、新手段被应用于低碳建筑、绿色建筑,汪孝安却逆着时光的河流向前追溯,强调向祖先学习。

云南、广西一带的干栏式建筑,其架空的底层用作禽畜栏舍,中层住人,顶层则屯放粮食,这种设计可以最大程度地克服南方的湿气;西北黄土高原的窑洞,利用黄土层作为得天独厚的天然建筑材料,不费料且冬暖夏凉,从中可以看到古老的穴居衍生生活方式的生命力。汪孝安曾在黑龙江插队,他观察到东北当地火炕先通过火墙再向外排烟,这就是现在所说的余热利用的生动案例。他逐一列举了北京四合院、徽派四水归堂、福建土楼等,这些建筑从自然中汲取精华,兼顾采光与通风,是模仿生态形式打造的传统绿色建筑。相比之下,单纯采用以材料、设备为主的主动式节能手段，若综合考虑使用寿命和制造成本，以及生产全过程所产生的能耗，也许反而是一种更耗能、不够"绿色"的做法。

"中国传统建筑蕴含着天人合一的哲学，是先民生存智慧的体现。建筑师在建筑的规划、设计阶段，就应考虑到怎么样利用好自然的手段，尽可能采用传统有效的被动式节能方法，而不是单纯依赖设备设施来做所谓的节能。"汪孝安认为，绿色设计要从早期开始，从规划阶段开始，就应明确总平面布局是不是有利于日照通风，以及施工阶段如何实现对环境的保护、有害物体的处理、可循环材料的利用等，应将绿色思路贯穿建筑的全生命周期。

2005 年，华东院成立了专项技术发展中心建筑节能部；2009 年，成立了绿色建筑专业委员会；2010 年，成立了绿色建筑咨询与研发中心。汪孝安本人主持的中国 2010 年上海世界博览会文化中心（梅赛德斯－奔驰文化中心）、虹桥商务区核心区一期 08 地块虹桥绿谷项目（D23 项目全地块）等大型项目，都获得了国家三星级绿色建筑标识。

可持续发展的城市实践

2022 年 5 月 18 日，在上海市建筑学会主办的"我爱上海，建筑可阅读"系列线上讲座第一期"优秀现当代建筑"专场中，汪孝安列举了城市更新的政策与对策。

在他看来，经过过去 40 多年的发展建设，上海面临诸多重要变化与问题。例如，面对居住空间需求的多元化，住宅设计应如何进行灵活性应对；面对电商对实体商业的冲击，商业建筑应如何适应新的市场模式；随着生产模式的变化，如何寻求高新技术园区业态集聚的新模式，以带动整个区域的发展。

"改革开放以后，国民经济和城市建设高速发展，带动了建筑设计行业的快速进步，我们取得的成绩是显著的。但若要争取更高水准、

上海园林集团总部办公楼外立面　章勇摄

上海园林集团总部办公楼内部空间　章勇摄

更高质量的发展，依然还有很长的路要走。"汪孝安介绍，打造了东方明珠电视塔、环球金融中心、上海国家会展中心等一座座城市地标的华东院，亦进行了很多城市可持续发展的实践，如：南京路东拓和中央商场的改造、上海解放后的首届新政府的办公楼——上海工部局大楼的综合性改造、虹口滨江岸线海鸥饭店及码头仓库的岸线贯通整体改造、上海生物研究所的更新，以及上海大学延长校区电影学院和美术学院的建设等。此外，70多年前现代建筑的经典——汉口路的华东院办公大楼，更是历史建筑保护和可持续更新使用的典范。

"申都大厦的改建项目也是我们的实践。由于申都大厦南侧与周边居民楼间距很小，东侧紧邻西藏南路交通要道，景观资源缺乏。设计时，我们提出'身边的绿色'概念，将建筑改造和绿色技术紧密结合，从使用者角度出发，不仅为办公人员营造了舒适的工作氛围，同时也提升了周边居住区和街区的环境。"

汪孝安告诉记者，曾获得中国建筑学会建国60周年建筑创作大奖的华东电力调度大楼，在改为上海艾迪逊酒店的过程中，由上海市建筑学会牵头，会同行业专家对立面改造进行了深入评估。专家团队提出，在尽量保持原有建筑形态与建筑要素的前提下，根据新的功能需求对内部进行修缮更新。这一案例不失为一个延续建筑文脉、坚持城市可持续更新理念的经典案例。

张俊杰副理事长：

城市更新与建筑师负责制相辅相成

采访时间：2024 年 4 月

张俊杰

城市更新行动，为城市高质量发展打开新空间。从国家高层到社会各界，为通往更高层次的发展不断探索新路径、新模式。2017 年，住房和城乡建设部印发《关于在民用建筑工程中推进建筑师负责制的指导意见（征求意见稿）》；2021 年，北京、上海等 6 个城市积极开展建筑师负责制试点，人们开始关注建筑师负责制如何在城市更新中发挥作用，推动这场由规模扩张到内涵提升的城市发展转型。

2024 年 4 月，在"建筑师负责制在城市更新中的作用"学术论坛现场，上海市建筑学会常务副理事长兼秘书长、华建集团华东建筑设计研究院有限公司（以下简称"华东院"）总建筑师张俊杰以"建筑师负责制在城市更新中的作用"为题作开场演讲。

"城市更新行动与建筑师负责制模式是相互促进、相辅相成的。"接受记者采访时，这位中国建筑学会首届青年建筑师奖获得者表示，一方面，城市更新需要建筑师负责制发挥作用，以其"两大六性"的特点与优势助力城市更新；另一方面，城市高质量发展与城市更新，将深化建筑领域改革，促进建筑业高质量发展，充分发挥建筑师专业优势和技术主导作用，提升工程建设品质，这势必会加快建筑师负责制的推进与实施，并在行业下行与转型之际，为建筑设计行业提供新市场、新业务、新增长、新能力及更高水平的新赛道。

城市更新行动的意义

1986年,张俊杰从清华大学毕业进入华东院,作为一名建筑师,他几乎参与了改革开放后中国城市高速发展的整个历程。从2005年到2023年,张俊杰担任华东院院长、总建筑师,在行业内率先实施专业化、专项化的公司发展战略,发起成立了中国建筑学会高层建筑人居环境学术委员会并担任主任委员,牵头组建了上海超高层建筑设计工程技术研究中心,开展了一系列高层建筑环境与复杂技术设计研究与实践。全国范围高度排名前15的超高层建筑中,有11栋由华东院负责设计或参与咨询。在构建起壮丽的天际线的同时,华东院还结合城市更新行动在设计领域的需求特点,整合了院内多个和城市更新业务相关的专业部门,成立了城市更新和历史建筑保护设计平台部门,涵盖规划、城市设计、策划、投资、建筑、项目管理等专家团队,为业主构建了项目全过程伴随式的资源整合与个性化服务平台,积极参与城市更新行动。仅在上海,他牵头华东院专业设计与研究团队,完成了雷士德工学院、上生·新所、世界会客厅、黄浦区160街坊(原工部局大楼)更新改造、外滩·中央、南京路东拓等城市更新优秀作品以及一批重要的研究成果。

世界会客厅(北外滩贯通和综合改造提升工程)

"当前，我国经济发展由高速增长进入高质量发展的升级、换挡、调速新阶段。房地产业同样面临着从规模化发展到高质量发展的转折关键。我国城镇化率为 66.16%，已经步入城镇化发展的中后期，大规模增量建设正逐步转变为存量提质改造和增量结构调整并重的阶段。"

在"建筑师负责制在城市更新中的作用"学术论坛的开场演讲中，张俊杰介绍了城市更新行动的背景。他指出，我国城市发展进入"新常态"，呈现速度变化、结构优化、动力转换三大特点。速度变化，即从高速增长转为中高速增长，从主要追求数量速度、拼规模、拼消耗的粗放型增长，转向数量、质量、效益并重的可持续发展；结构优化，即不断优化产业结构和城市空间结构，是我国城市实现更高质量、更高品质、更好效益发展的关键；动力转换，即从要素驱动、资本驱动转向创新驱动，实施创新驱动发展战略是应对发展不确定性、提高核心竞争力的必然选择，是保持我国城市持续健康发展的必然选择。

接受记者采访时，张俊杰再次强调了城市更新行动的重要意义。通过城市更新行动，将会实现土地资源的盘活和节约集约利用、城市功能有效提升、城市空间结构进一步优化、城市历史文化传承和发扬、城市环境品质和竞争力提升，为人民群众提供更美好的生活。

建筑师负责制具有"两大六性"的特点

建筑师负责制是国际工程建设的通行做法。在这种模式下，建筑师的角色从传统的设计服务模式转变为以项目总负责人（责任建筑师）为核心的设计团队。他们受建设单位委托，负责民用建筑项目从策划、规划、设计、施工、运维到更新改造的全过程或部分阶段，提供全寿命周期的技术与咨询管理服务。目前，浦东新区正在研究制定建筑师负责制推进落实新的政策措施，积极深化建筑领域改革。

2017 年上海市建筑学会在全国最早成立注册建筑师分会，张俊杰担任了首任会长。上海建筑学会积极推进并开展了建筑师负责制国际国内制度、模式、职责与服务范围、收费等研究，并多次组织境内外的交流工作。"不同于传统的建筑设计服务模式，建筑师负责制具有'两大六性'的特点。"张俊杰告诉记者，"两大"指范围大、责任大，"六性"指引领性、龙头性、综合性、专业性、伴随性、平衡性。

范围大，即建筑师的工作场所尺度广泛，从各类建筑设计到城市设计、从室内到城市公共空间与环境，业务范围涵盖项目策划、规划、设计、运营、更新；责任大，即建筑师负责的建筑、公共空间与环境设施投资大、寿命长，对城市面貌、公众体验与设施安全有重要影响，建筑设计需要同时对公众、政府、开发主体负责，同时起到技术牵头作用，责任重大。

引领性，指优秀的设计是创新与高品质的核心与源头，它们能够点亮城市、展示城市的魅力；龙头性，指在建筑与城市相关的场所营造中，建筑专业在技术上整合统筹多专业、多领域，起到龙头作用；综合性，指在多地块、多主体、多领域、多专业、全过程的项目实施中，建筑师在设计与技术咨询服务方面起到综合协调作用；专业性与伴随性，指建筑师在项目决策、建设、运营、更新中提供高质量、专业性、伴随性的全过程技术服务，同时兼顾绿色、低碳、健康、智慧理念与实践的结合；平衡性，指建筑师需平衡业主、政府、公众多方的需求与利益，践行建筑师的职业责任与社会责任。

张俊杰表示，建筑师负责制要求建筑师以建设方代理人、公众利益代言人、合同执行者三重身份，参与项目全流程。

城市更新与建筑师负责制

张俊杰将城市更新在建设领域总结为"一个特点"和"四个维度"。

"一个特点"，即城市更新的建设项目具有范围广的特点：从单体建筑到小区、社区、片区、城区的更新，从街道到城市广场的改造，从城市环境到自然环境的优化，从交通到市政设施的升级，以及从历史文脉保护与存量改造更新到扩建、新建的全面覆盖。

张俊杰以三个上海样本为例，指出在城市更新项目中，建筑师需要提供综合性、专业性、伴随式的服务，并结合当下的"三师制度""总建筑师制度"发挥龙头性作用。北外滩核心区更新项目，构建了一体化的地下空间系统；苏州河南岸跨外滩街道和南京东路街道项目，运用"八合一"理念，搭建了一个涵盖城市设计、建筑设计、景观设计、市政设计、水工设计、生态修复、智能设计和艺术设计的跨学科研究框架与实践平台；南京路步行街东拓项目，则通过交通优化和业态置换，创造出了"街区可漫步，建筑可阅读，城市有温度"的高品质环境。在这些项目中，建筑师提供了全过程、多专业的综合咨询与设计服务。

张俊杰强调，基于城市更新的特点，建筑师要从建筑设计扩展到城市设计领域，需具备城

南京路步行街东拓工程公共空间

市规划、交通、市政、环境、土地政策、政策管理、开发运营等方面的知识与经验,以及较强的组织和综合协调能力。

"四个维度",即时间、内涵、需求与品质维度。时间维度指城市更新的时间周期长,城市更新是保持城市生命有机体活力与健康的重要手段。它涵盖了建筑与城市的全生命周期过程,需要建筑师提供全过程、伴随式的专业服务。内涵维度指城市更新内涵广,需要关注功能业态提升、空间结构优化、对城市土地的提质增效与集约节约利用,以及探索新的开发与经营模式,需要建筑师充分发挥综合性、专业性与伴随性。需求维度指城市更新往往涉及政府、投资主体、公众等多方需求与利益的平衡,同时还要关注新消费、新需求、新业态的涌现,需要建筑师充分担当社会责任、发挥平衡性的能力。品质维度指城市更新需要兼顾历史文化与城市文脉保护与传承创新发展,实现历史与现代、传统与时尚、活力与魅力的有机结合,营造高品质绿色低碳健康智慧人居环境,需要建筑师充分发挥引领性和专业性。

结合杨浦滨江、张园历史街区、老城厢露香园、武夷320、蟠龙天地等上海城市更新样本,张俊杰进一步指出,城市更新与建筑师负责制模式共同围绕高质量发展和更美好的生活,相互促进、相辅相成。

是回归,也是引领

建筑师(architect)一词来源于希腊语 arkhos(首领、统治者、首席)和 tekton(木匠、建造者、承包人)。古罗马建筑师维特鲁威在《建筑十书》中指出，一个建筑师应接受广泛的知识教育才能胜任他的本职工作，应精通几何学、光学、化学、天文地理学、算术、音乐、哲学等。

张俊杰告诉记者，建筑师负责的模式在中国不是新生事物。中国古代建筑的营造就是建筑师（皇家工匠）负责模式，如颐和园、圆明园、故宫等，都是先后由传承八代的雷氏建筑世家负责设计并领导营造的。在上海，很多知名近代建筑都是按照建筑师负责的管理模式打造的，如著名华人建筑师吕彦直、杨廷宝、赵深的作品，以及邬达克、哈伦特、公和洋行、德和洋行等海外建筑师与事务所的作品。可以说，如今上海街头的很多近代"网红"地标建筑，都是建筑师负责模式下的"产物"。

在张俊杰看来，建筑师牵头负责的模式在古代、近代及当今国际上的通行，客观地反映了建筑行业从古至今生存法则的规律性和普适性。它是适应城市高质量转型新发展需求下的模式创新，同时也是建筑师这一古老职业的服务范围、职责与价值的回归——回归其行业的作用与真正的价值，真正展现建筑师的职业作用，为城市焕发更强的魅力提供制度保障。

自2016年上海市政府明确提出结合中国（上海）自由贸易试验区和浦东新区建筑业改革示范区建设，开展建筑师负责制等改革创新试点以来，北京、上海、深圳等住建部试点城市涌现了一批建筑师负责制的试点项目与样本，共同推进建筑师负责制落地，回应当下城市发展的需求与时代命题，在城市更新中发挥专业作用。

2020年，上海市政府批复同意《北外滩地区控制性详细规划》，它被媒体称作继陆家嘴之后上海城市中心最大规模的超级规划，确定了北外滩未来"最美城市会客厅"的定位。也是在这一年，锚定"三年出形象、五年塑功能、十年基本建成"的目标，北外滩开发办成立总师室，聘请张俊杰担任总建筑师。作为国务院特殊津贴专家、上海市领军人才，张俊杰正率领团队为"上海东站""北外滩中心"等大型地标项目提供设计与咨询等服务。作为项目设计总负责人，他还曾

上海东站综合交通枢纽

黄浦区160街坊（上海老市府大楼，原工部局大楼）保护性综合改造

主持黄浦区 160 街坊（上海老市府大楼）、世界会客厅、南京路步行街东拓公共空间设计、外滩国际大厦、上海机场城市航站楼改建工程等城市更新项目。结合在城市建设及城市更新领域的多年实践，他表示，当前正面临着设计市场下行，且建筑师职业对未来年轻一代缺少吸引力的趋势，要加快推进建筑师负责制，实现建筑设计行业与职业的转型升级，这有助于与国际接轨并提升建筑设计行业和建筑师的国际竞争力，继续吸引优秀青年人才，同时培养一批具有国际模式和职业能力、职业意识的人才队伍。

城市更新工作目前正处于蓬勃发展的起始阶段，如何解决城市更新过程中的诸多现实矛盾和困境，正考验着各方的智慧和决心。建筑师负责制目前尚在探索试点阶段，市场供需双方还需要相当长的时间来凝聚共识。张俊杰指出，尽管在实操层面还存在着市场接受度不高、建筑师能力培养存在短板、缺乏收费标准、法律法规冲突、保险机制缺乏等一系列需要解决的问题，但我们需要认识到，推行建筑师负责制是实现高质量建设、打造高品质人居环境的关键，将助力国家营商环境的提升，推动绿色低碳可持续发展。

"在城市更新中实施建筑师负责制这一制度创新和模式创新，将进一步激发创新活力和技术引领，扎实推动解决城市更新过程中的痛点、难点问题。我相信，随着建筑师负责制的深入、全面、广泛的推行与实践，其职业与行业价值将得到更好地发展，推动建设领域从中国制造走向中国创造，促进城市的高质量发展、营造人民更美好的生活，实现'城市，让生活更美好'的愿景。"

同济大学伍江：

城市更新应守住历史人文底线

采访时间：2022 年

伍江在 2021 澎湃城市更新大会上发表主题演讲

"中国过去四十年的城市发展取得了伟大成就，但也存在问题。粗放型的发展模式势必要发生变化。"在 2021 澎湃城市更新大会现场，曾任上海市规划与国土资源管理局副局长、同济大学常务副校长的伍江教授在主题演讲中表示，过去粗放式的扩张造成资源的严重消耗，包括空间资源、土地资源，以及历史文化资源等。

2020 年，伍江主持的《超大城市高密度既有城区有机更新关键技术及其应用》项目荣获上海市科技进步奖一等奖。在他看来，有机更新的本质是视城市为一个有机体，遵循其发展规律，以更为常态化的代谢与更新进入持续发展的轨迹。

接受澎湃新闻记者采访时，这位上海市城市更新及其空间优化技术重点实验室主任、上海市历史风貌区和优秀历史建筑保护委员会副主任特别指出，甄别更新对象的历史文化价值，是所有更新工作的前提。

为什么要保护历史文化遗产？

"对于历史文化遗产的世界共识是人类进入现代社会之后的一个重要的文化发展标志。"伍江指出，这一共识的基石可追溯至 1972 年，联合国教科文组织大会通过的《保护世界文化和自然遗产公约》，它明确了将那些珍稀且无法替代的文化和自然遗产，纳入全人类共同的世界遗产范畴进行保护。自 1985 年加入该公约以来，中国对于历史文化遗产保护的重视程度，不论是从政治上还是法律上都是史无前例的。截至 2021 年 7 月，中国已有 56 项世界文化和自然遗产列入《世界遗产名录》，在世界遗产名录国家中排名第一位。

"历史文化既是社会共同的精神依托，也是经济发展的最终竞争力所在。最大限度地保护好城市的历史文化遗存，既是现代化的题中之义，也是对后代的负责。"伍江指出，建成遗产是人类历史文化最重要的物质载体，所以，提到历史文化遗产保护的时候，相关的建筑保护是不能避开的话题。

中华人民共和国成立后，《文物保护管理暂行条例》提出了"全国重点文物保护单位"的概念，将一批重要建筑物（建筑群）列为国家级文物。当时确定了 180 处作为第一批全国重点文物保护单位，其中古建筑及历史纪念建筑物 77 处。

"但是，除了文物保护单位之外，针对使用中的建筑，我们认识的起点是比较晚的。"伍江指出，1991 年颁布的《上海市优秀近代建筑保护管理办法》，使近代建筑保护有规可依；2002 年《上海市历史风貌区和优秀历史建筑保护条例》出台，其中第十条规定，针对建成 30 年以上，并满足著名建筑师代表作品、反映上海地域建筑历史文化特点等条件之一的建筑，可以确定为优秀历史建筑，保护的视野扩大到现当代建筑。

为什么要保护现当代建筑？

历史是一条河流，源远流长，延绵不断。

伍江表示，因为历史本身是连续的，所以对历史文化遗产的保护，不应该局限于某一段特殊的历史时期，而应将完整的、连续的历史作为保护对象。

"如果不对 1949 年以后的建筑予以重视，任其消逝，将造成浩瀚历史中的一段空白，或者说浩瀚历史中一段文化的低潮期。事实上，1949 年至今的 70 多年间，我们的建设活动超过中国历史上任何一个时代，这么大的建设活动怎么可能不留下历史文化遗产？"

因为缺乏相关法律法规保护和认识，一些高质量的"49 后"建筑在城市开发的浪潮中遭到破坏。"改革开放前由于经济条件所限，整个国家的建造量很少。"伍江提到，北京有包括人民大会堂、中国历史博物馆在内的 1950 年代十大建筑，而上海的建造量更少。这些数量上"稀有"

的建筑一旦消失,这段历史可能就从城市版图上被抹去了,若干年后,可能没人知道在百废待兴的建国初期,我们的政府是怎么造房子的,没有办法透过建筑触摸当时人们的生活与城市的面貌。

伍江师从同济大学建筑与城市规划学院教授、上海市建筑学会名誉理事长罗小未,从1980年代起,他跟随这位被称作近代建筑"保护女神"的建筑学家投身上海历史建筑的研究与保护,并在恩师指导下完成博士论文《上海百年建筑史(1840—1949)》,于1997年正式出版。他表示,近代建筑经历了不断遭到破坏又日渐被重视的过程,而现当代建筑也同样经历了这一过程,甚至经过相关专业人士激烈的辩论才达成保护的共识。而引发这场建筑圈大辩论的,是2015年的华东电力调度大楼改造。

揭开现当代建筑保护的序幕

曾获得中国建筑学会建国60周年建筑创作大奖,并被评为上海市"1949—1989年十佳建筑"之一的华东电力调度大楼,是1949年之后南京路上第一栋高层建筑。业主更换为鲁能集团后,2015年,华东电力调度大楼改造为精品酒店的方案"流出",该方案对大楼外观进行了大刀阔斧的改造重建。

根据《上海市历史文化风貌区和优秀历史建筑保护条例》第十条,落成于1988年、时年二十几岁的华东电力调度大楼不具备"被保护"的先决条件。上

华东电力调度大楼改造前(来源:《六十甲子颂》,上海市建筑学会编)

海市规划和国土资源管理局根据相关政策通过了这一改头换面的改造方案，与此同时积极协调，组织沪上建筑专家和业主鲁能集团、酒店方万豪集团进行专业座谈。

原上海市建筑学会理事长曹嘉明回忆，在设计方演示完改造方案后，当时担任同济大学常务副校长的伍江作为专家组成员第一个上台发言，阐释了建筑标志性外观背后的设计理念，如顶部的坡屋顶是向和平饭店致敬、凸出的三角窗呼应上海里弄屋顶的老虎窗等。

学者们的专业建议最终打动业主，业主决定不改变建筑形态与材质，只对内部进行修缮更新。"留住城市共同的记忆是城市更新的精髓"，鲁能泰山度假俱乐部副总经理兼华东区域酒店业主总代表孙宏超告诉记者，华东电力调度大楼改造经过政府、业主、万豪、建筑学家多方反复沟通，最终更改方案维持了大楼"三角窗""斜屋顶""棕墙砖"的外观，继续屹立在南京路上。

正如 1960 年代简·雅各布斯等人士对宾夕法尼亚车站拆除的抗议催生了纽约《城市地标保护法》，华东电力调度大楼这一专业组织发起保护现当代建筑倡议的仅有案例，催生了针对"49 后"建筑价值评估的课题，揭开现当代建筑保护的序幕：《上海市优秀近代建筑保护管理办法》将保护对象推及 1949 年前的建筑；《上海市历史风貌区和优秀历史建筑保护条例》将保护对象推及建成 30 年以上的建筑；基于华东电力调度大楼的改造之争，建筑界开始呼吁对"49 后"建筑，包括改革开放

华东电力调度大楼在不改变建筑形态与材质的原则下，改造为上海艾迪逊酒店

华东电力调度大楼改造为上海艾迪逊酒店后，大楼坡屋顶在 HIYA 日矢（酒店餐厅名）形成的三角窗，如今已成为沪上潮人的打卡点。

后乃至最近30年内的建筑，予以保护。

"不仅是拆除不拆除的问题，'49后'建筑基本都在使用中，一旦被列为保护对象，大家才会更爱惜，好的保养可以延长建筑的寿命。"伍江表示，要想让保护成为共识，成为政府和社会管理的一项内容，首先要让公众认识到保护对象的价值，所以价值挖掘是根本所在。

2017年，由上海市建筑学会发起，上海市城市经济学会、上海市规划和国土资源管理局、上海市房屋管理局和华建集团华东建筑设计研究院有限公司共同启动了"上海市优秀现当代建筑（1949年至今）价值评估研究"的课题，课题的研究技术内容由华建集团华东建筑设计研究院有限公司主持，同济大学等高校和各大设计单位共同参与。

在伍江看来，价值评估一定要走出几大误区。《保护世界文化和自然遗产公约》对建筑类文化遗产的评估角度为历史价值、艺术价值、科学价值。对于后两者的评估比较明确，而对于历史价值的理解则容易陷入误区。

"建筑是历史文化的物质载体之一，我们保护的目的是通过物质载体来延续传承历史文化，这是根本。而历史文化本身是不能中断的，不能说历史文化这一段重要那一段不重要，所以承载历史文化的物质载体也不应该是中断的。"

首先，历史的价值不取决于主观喜好。历史的重要性不是因为它在政治上重要才重要，也不是因为中国人有偏好才重要，而是因为它在整个历史长河中是不可缺少的一个重要环节和标志点。伍江以上海虹口区日军慰安所旧址"海乃家"为例，指出一些建筑代表着一段不堪回首的历史，很多人以此为由认为应该将它抹掉，这是没有站在客观的角度去看待历史。

其次，历史的价值不取决于时间的长短。5000年是历史，100年是历史，50年是历史，昨天就是历史。伍江常常和他的学生们说，即使是只有40余年历史的深圳，同样可以被视作历史文化名城。"再过几十年、几百年、几千年，人们仍会知道中国历史上有这么伟大的一个创举：短短几十年的时间，在一个小渔村之上打造了一座先进的现代化城市。如果我们不去好好保护，将来的人们可能就不知道深圳是如何成为深圳的。"

有机更新：时时刻刻，不知不觉

"城市如同一个鲜活的生命体，需要不断地新陈代谢。发生在细胞层面的演变，我把它称作有机更新。"

2021 澎湃城市更新大会现场，伍江作为演讲嘉宾发表题为"城市有机更新"的主题演讲。他表示，生命体的代谢更新活动应该是细胞层面的，即小规模渐进式的，而非大规模断裂式的。手术式的更新改造只能是在极特殊情况下的短期和暂时的行为。对于城市和社会发展而言，应该找到最基础、最要紧的底线问题。除了历史人文底线，还有土地资源底线、生态宜居底线、公平公正底线、公共安全底线等。

关于历史人文方面，伍江强调，城市历史的保护和历史文化的延续，最重要的在于激发历史空间的当代活力。上海的历史街区保护一直走在全国前列，在规划体系建设方面更有创新性尝试，如 2002 年发布的《上海市历史风貌区和优秀历史建筑保护条例》，率先在全国推出成片保护的概念。

其中，衡山路—复兴路历史文化风貌区作为 2003 年上海市政府首批批准的中心城区 12 个历史文化风貌区之一，因梧桐、洋房、邬达克建筑，以及永不拓宽的马路而成为网红打卡地。每到法定假期，风貌区内的武康大楼更因巨大的人流量而要动用警察指挥疏导、维持秩序。

伍江认为，这正是该区域最早被以成片形式保护的结果，建筑与街区承载的历史文化，是一座城市不可复制的魅力。

华东院牛斌：

城市更新应形成更高层次的系统

采访时间：2024 年 1 月

华东院牛斌

东方明珠广播电视塔、陆家嘴商务楼群、世博会建设与"后世博"开发、国家会展中心、北外滩世界会客厅……70 多年来，作为中国设计行业的领军企业，华建集团华东建筑设计研究院有限公司（以下简称"华东院"）在国家建设发展的各个阶段"筑"就了了不起的城市景象。

华东院党委副书记、总经理、总建筑师牛斌毕业于同济大学建筑学专业，其技术领域涉及地下空间、城市更新、高密度核心区、TOD 立体城市、轨交上盖、超高层综合体、片区技术总控与建筑师负责制等。在他看来，建筑师应当把自己放在指挥家的位置。

作为第七届中国建筑学会青年建筑师奖的获得者，牛斌将思考的对象由建筑延展到片区乃至城市。近年来，他先后主持了上海北外滩核心区设计总控、上海龙阳路交通枢纽综合开发项目、青岛北站片区城市更新设计、青岛智慧湾城市更新设计等。其中，他主持的杭州艮山门动车所上盖综合开发项目荣获 2019 年美国规划协会国际杰出规划奖（APA International Planning Excellence Award），龙阳路交通枢纽综合开发项目总控研究获得 2020 年度上海市建筑学会科技进步奖一等奖。

"系统是指若干个不相干的组件组合在一起，便具备了所有组件单独不具备的性能。"牛斌认为，城市更新的关键在于如何把所有人

杭州艮山门动车所上盖综合开发项目

与其生活的环境,从家庭到社区、街区、城市,甚至在更大的范围里面组合起来,从而形成一个新的系统、新的生态。

立体城市是高密度核心区的发展方向

迄今为止,全国范围高度排名前 15 的超高层建筑,有 11 栋由华东院负责设计或参与咨询。这位"超高层地标专家"在高密度核心区、TOD 立体城市、地下空间等领域创造了众多理论与实践成果。

"高密度指一个基底面积上'盛放'大量的建筑面积,往往能容纳更多的功能,同样也会有大量的人聚集其中;核心区是土地价值非常高的区域,它不一定就是高密度,但与高密度有很大的重叠的可能性。"牛斌认为,当高密度和核心区叠加,大量的物、大量的人聚集,常规情况下带来的是交通问题。核心区里面有过境交通、到发交通,甚至会有高铁。2000 年前后,很多城市的火车站都是脏乱差之地,正是因为没有把人和交通的关系整合梳理好。

如何把人、车、物三大系统有机组合在一起,实现高效运转,是高密度核心区面临的关键问题。在牛斌看来，立体城市是破解这道难题的一把钥匙。现实中，由于人和交通都集中于地面层，原本三维的城市实质被压扁为二维平面，即主要活动集中在地面层进行。

"也就是说，尽管一个片区所有的楼都是立体的，但这些立体楼宇里的人，活动都聚集在地面层，无论是高层的人还是地下的人，都要涌向地面，在地面层活动。针对高密度核心区，我们应在重要节点区域把二维拓展成三维，打造地下、地面、空中的立体步行网络。通过该网络，形成人、车、物三个系统的有机整合，形成行走、交流的空间，实现建筑可阅读、街区可漫步、城市有温度。"

中国自古便有 TOD 模式

1990 年代，美国"新城市主义"代表人物彼得·卡尔索普（Peter Calthorpe）针对大城市病问题，提出 TOD（Transit-Oriented Development，公共交通导向）发展理念，这一理念逐渐成为全球认同的城市发展模式。

牛斌认为，以某种（或某些）交通方式形成聚集点，就是 TOD 模式。中国古代的驿站就是古早版的 TOD，大航海时代的港口城市，也是 TOD。人群的聚散带动空间向上和向下的拓展，形成高密度的需求。因此在当代，TOD 模式往往和立体城市紧密相伴。

作为国家城乡建设的排头兵，华东院深耕布局国家重大战略发展区域，创新性地在上海与深圳设置了双总部，并在大湾区打造了深汕综合交通枢纽等 TOD 项目。牛斌告诉记者，因为用地紧张，深圳很多公交车首末站设置在建筑底层，和小区、单体建筑结合在一起，对上面办公、居住、消费的人群比较方便，这实际上就是一个个微型的 TOD。

距离彼得·卡尔索普提出 TOD 理念不久，华东院敏锐捕捉到了 TOD 的市场需求，并于十多年前涉足该领域。TOD 作为一个复杂的课题，涉及人、交通、市政等方方面面，对设计单位提出了哪些要求？牛斌回答记者，TOD 项目需要需要综合考虑城市规划、城市设计、建筑设计以及管理者与使用者的需求。这要求设计单位具备更加宽泛的知识体系，比如策划定位、功能配置、交通、市政、人的行为心理学等。同时，设计单位还需具备学习精神，广泛涉猎综合性业务，设计者需时刻具备宏观思维，把自己放在指挥家的位置来思考解决问题。

"就像一个交响乐的指挥家，只会拉小提琴、大提琴是不行的，你要懂每一种乐器，要知道怎么去把它们高效、和谐地组织在一起。"牛斌表示，一个 TOD 片区往往由三四十块甚至更多的地块组成，如果没有系统观，几十块地开发完之后与单块地开发没有任何区别，是非常可惜的。因此，TOD 片区开发应打造一个新的弹性的系统，形成新质生产力，为整个片区进一步赋能，进而发现价值和创造价值。"像芯片一样，看上去很薄，但是有很多层，每一层各司其职，组合起来以后又能高效运转，形成一个新的系统。"

中国设计，与城同新

华东院位于汉口路 151 号的大楼，起初是为银行设计的，因此又被称作浙江第一商业银行大楼。由于战争原因，工程曾一度停工。1948 年，工程重新启动，改聘中国第一代海归建筑师陈植设计。这座大楼被称作中国建筑师的现代主义经典实践，并于 1994 年入选上海市第二批优秀历史建筑名录。

1952 年，赵深、陈植、庄俊等中国第一代海归建筑师自发走到了一起，加入华东工业部建筑设计公司（后更名为华东建筑设计研究院有限公司，即华东院）。由于浙江第一商业银行已将总行迁至香港，于 1951 年落成的浙江第一商业银行大楼转由华东院接手，作为其办公用房。

作为中华人民共和国最早成立的国有设计单位之一，"建筑中华梦"是华东院 70 多年来代代相承的使命与基因。从中华人民共和国成立后的百废待兴，到改革开放后的大规模开发，再到高质量发展下的城市更新，华东院"筑"力国家及城市发展的各个阶段。

2021 年，《中华人民共和国国民经济和社会发展第十四个五年规划和 2035 年远景目标纲要》明确提出实施城市更新行动，城市更新首次写入政府工作报告。几乎同时，华东院结合城市更新行动在设计领域的需求特点，整合了院内多个和城市更新业务相关的专业部门，成立了城市更新和历史建筑保护设计平台部门。经过两年多的探索，华东院已初步建立了包括更新政策咨询、更新规划、既有建筑改造、历史建筑保护、测绘和结构检测在内，面向城市更新领域全过程的设计咨询服务模式。这一模式在上海乃至全国大量城市更新项目中得到了推广实践，获得了政府部门、开发主体和行业领域的高度认可。

"城市自诞生之日，就处于更新之中。华东院持续深耕城市更新领域，并希望打造一个产学研用一体的框架。既有建筑改造和历史建筑保护一直是我们的特色产品线，与更新政策咨询、更新规划、测绘和结构检测共同构成'4+1'体系。"牛斌告诉记者，更新政策咨询研究中心汇集了全院各种各样的典型项目，他们提取出各个项目的创新点，激发新的政策和机制探讨，结合城市规划、既有建筑改造、历史建筑保护、建筑检测等领域，为整个片区更新提供更多探索的可能性。

从南京东路地铁站到位于汉口路的华东院大楼，步行不到 500 米。采访当天，记者由南京东路转到江西中路，依次经过东拓后的南京路步行街、外滩中央广场、上海老市府大楼，恍若置身于华东院的城市更新实景展之中。

于 2019 年启动的南京路步行街东拓工程，由华东院负责设计。在这项工程中，华东院完成了交通分解组织、工程实施系统研究，以及历史传承与特色挖掘的艰巨任务。他们以高品质的开放空间，将南京路步行街与外滩这两大世界级游览目的地紧密相连。

于 2022 年年底亮相的外滩中央广场（南京东路 179 号街坊成片保护改建工程），是外滩"第二立面"城市更新先行启动项目，由中央大楼、美伦大楼、新康大楼和华侨大楼这四幢历史保护建筑构成。针对外立面风貌芜杂、功能定位缺失、内部空间局促、设施设备老化等问题，华东院遵循"尊重历史、重塑风貌、功能重塑、提升形象"的理念实施更新。在保护历史建筑表皮和肌理的基础上，叠加顶部轻盈透明的十字玻璃穹顶，形成半室外公共空间，吸引了大批市民、游客驻足停留，被誉为"外滩最美穹顶"，营造出立体丰富的商业休闲共享环境。

隔着江西中路，华东院大楼的正对面，位于黄浦区 160 街坊的上海老市府大楼是外滩第二立面更新改造的重要项目，由华东院与大卫·奇普菲尔德事务所联合设计。这座"远东第一围合式建筑"，是上海时代变幻的见证，一代物理学巨匠爱因斯坦在此发表在华唯一一次公开演讲，上海第一面五星红旗也正是在这里升起。作为上海城市更新的示范项目，老市府大楼预计将于2024年年底完成更新改造，全面开放后，将成为"第二立面"的重要激活点。

作为"澎湃城市更新文化月"的支持单位，在2023年年末举办的"甦生·再生·共生——城市更新主题展"（上海张园W7栋）上，华东院展示了"黄浦区160街坊上海老市府大楼"模型及外滩历史文化风貌区"第二立面"保护性更新的一系列成果。在"共生·共享·共为——2023澎湃城市更新大会"院长论坛，牛斌表示，城市更新各个项目里看似散点、独立的问题，需要我们站在更宏观的角度，将这些问题归纳、总结和演绎为多个共性问题，通过不断寻找、思考，提出系统性、创新性的解决方案，以实现城市高质量发展的目标。

中建西南院吴鸣：

一体化理念打通城市更新全产业链

采访时间：2023 年 12 月

中建西南院吴鸣

隶属世界 500 强企业第 13 名的中国建筑集团有限公司，中建西南院（中国建筑西南设计研究院有限公司，以下简称"西南院"）始建于 1950 年，是中国同行业中成立时间最早、专业最全、规模最大的国有甲级建筑设计院之一。

自 2022 年以来，全国吞吐量最大的 20 座机场，西南院设计了 5 座，并参与设计了伊拉克纳西里耶国际机场、柬埔寨金边国际机场等海外国际机场。近十年来，在医院建筑、大型体育场馆等领域的设计业绩，西南院均位居全国前列。此外，西南院还打造了中国西部首个"近零碳建筑"——中建滨湖设计总部，积极在行业内发挥示范引领作用。

近年来，该院积极贯彻"实施城市更新行动""加强城市基础设施建设""打造宜居、韧性、智慧城市"等重大战略决策，参与了全国各地 135 项城市更新项目。西南院充分发挥全产业链优势，形成了规划引领、建筑落地、全过程咨询、投运赋能、低碳技术和"四新"（新技术、新材料、新工艺、新设备）支撑的六位一体的业务体系。

西南院党委副书记、总经理吴鸣非常关注城市更新领域发展，并组织成立了"城市更新工作推进领导小组"，牵头打造了成都城隍庙数字文化街区更新等一系列城市更新标杆项目，对城市更新业务的发展有着独特的理解。

"城市更新的实践需要一场有关设计思想、

经营理念和管理思维的变革。"接受记者采访时,吴鸣表示,设计价值的体现需要向前后端延伸,以全面展示全产业链的价值。

人民美好生活场景的缔造者

几乎与中华人民共和国建设发展一路同行的西南院,致力于成为人民美好生活场景的缔造者。吴鸣告诉记者,正是基于这一定位,西南院积极投身老旧小区改造等城市更新行动,贯彻"实施城市更新行动"这一国家战略。

宏观体系层面,西南院充分发挥规划引领作用,编制了城市更新总体规划与分区规划15项,开展产业研究并建立了项目库,助力各地政府盘活用好城市低效用地,提升发展能级。

与此同时,西南院积极实施各种类型的城市更新项目,参与旧城更新及工业遗产、历史文化街区、老旧社区改造等100余项,积累了丰富的全类型、全尺度、全体系的设计经验。在旧城更新领域,上海长宁风貌保护区的安化路201号自有办公楼的更新设计与建设项目,以包容性的设计理念重塑新旧关系,获得了参与评审的院士专家的一致好评;在历史文化街区领域,原创设计成都祠堂街有机更新项目,融合了美术馆、艺术酒店、文创商业等业态,打造出了"公园里的立体艺术街区";在工业遗产更新领域,原国营红光电子管厂被改造为成都东区音乐公园,这一多元文化园区集合音乐、美术、戏剧、摄影等文化形态,项目获批国家音乐产业基地,并入选国家工业遗产旅游基地名单;在老旧社区改造领域,成都正因城中村社区更新项目,创新性地构建了持续性的动态对比跟踪和多方参与机制,获得"2022年美国建筑大师奖"和"2022年悉尼设计奖"城市设计类的唯一金奖。

跳出设计的思维来看待整个城市更新

"当前的城市更新设计要跳出传统设计的思维框架。"

2023年12月12日,在"共生·共享·共为——2023澎湃城市更新大会"的院长论坛上,吴鸣从设计院经营管理的角度出发,提出要用一体化理念来打通城市更新全产业链路径,按照投资、运营逻辑,将运营策划前置,围绕场景营造开展项目的策划、设计、建造、招商和运营。如果仅是从设计的角度出发,在目前的设计收费体系下,城市更新设计将难以为继。

吴鸣告诉记者,相比新建项目,城市更新项目需要投入的精力、物力更大,面临的风险更多,其收费体制却在沿用新建项目的标准,这导致大家没有动力去做这件事情,进而使得重要的生产环节被忽视。针对城市更新项目收入和付出不平衡的矛盾,西南院的破题之道是将设计价值的体现向前后端延伸,把蛋糕做大,实现整体的平衡。

与大会同日揭幕的"甦生·再生·共生——城市更新主题展"上,西南院在张园W7栋的展位展示了其"城市更新业务全产业链体系",即由规划引领、建筑落地、创投赋能、低碳技术、四新支持、全过程咨询六大板块构建的"城市更新全产业链路径"。

被问及"全产业链路径"需要具备哪些底气和实力，吴鸣告诉记者，业务方面，西南院早就不仅仅局限于设计领域，其产业链业务在公司营业总收入占比已超过40%。此外，几乎全程参与中华人民共和国的建设发展、拥有近7000名员工的西南院，有一大批相应的技术积累和人才储备。西南院坚持高标准的选人机制，并为员工创造好的工作平台，最大限度地激发员工自身的创造性。内部各部门形成良性竞争机制，通过比赛选拔出优秀人才。

凭借一体化理念与一体化把控能力，西南院近年来在城市更新领域取得了显著成就。他们制定城市更新地方/行业标准13个，承担更新课题研究10项，获得各级奖项72项，出版专著《城市更新设计关键技术研究与应用》，提升了行业地位。

本文图片提供：中建西南院投资运营事业部

静安置业时筠仑：

把文化注入到张园更新的全过程

采访时间：2024年3月

静安置业时筠仑

孙中山曾四次造访并发表演说，《繁花》剧组曾在此开机绽放，中国科学院院士郑时龄认为其更新实现了可持续高质量发展，上海社会科学院研究员熊月之将它比作海派文化王冠上的一颗明珠。

张园，位于上海市静安区南京西路风貌保护区核心位置，是上海现存规模最大、保存最完整、建筑形式最丰富的石库门建筑群。

2022年12月，作为上海实施保护性征收改造的首个城市更新项目，张园西区向公众开放；2023年12月，"共生·共享·共为——2023澎湃城市更新大会"在张园W4栋举办，并宣布张园成为澎湃城市更新大会永久会址和首个澎湃城市更新示范区。

上海静安置业（集团）有限公司（以下简称"静安置业集团"）拥有原来上海老静安区80%以上的历史建筑，是张园项目的资产运营主体。静安置业集团董事长时筠仑在出席"城市更新大会"文化论坛时表示，一个空间所内涵的精神和文化是永久的。如何让张园在下一个百年常态常新，不仅要着眼于建筑层面，更需要继承海派文化过去的百年精华，通过它把中国文化、海派文化弘扬出去。

城市文化元空间：首创与第一

在《张园与晚清上海社会》中，熊月之表示，张园这样的公共空间的形成，对于上海移民社会的的整合和上海人意识的产生有着重要的作用。《海上名园——张园与海派文化》一书中，编者首次提出"城市文化元空间"（Meta Cultural Space，简称 MCS）概念，即能够影响城市文化演化、清晰提炼城市代表性文化内涵、提供沉浸式城市文化体验的原型空间。

作为近代上海最大的城市公共空间，张园见证了上海历史上若干个时髦的第一次——第一条自行车跑道、第一场电灯试燃会、第一间室外照相馆、第一个"激流勇进"项目。它是当之无愧的城市文化元空间。

经过 100 多年的岁月洗礼，在 2018 年启动的本轮更新中，张园沿袭了"城市文化元空间"的开拓精神。其自身的更新过程中贯穿着若干个创新与第一：首创历史建筑"一幢一档"的建档制度；率先制定历史风貌区保护性征收基地的保护管理地方标准；张园西区成功引进路威酩轩、历峰、开云三大奢侈品集团旗下多个头部品牌和特色概念店、中国首店，成为首个历史街区高端商业地标；持续推进东区建设工作，开创成片历史风貌保护区修缮与地下空间更新相结合的最大规模项目。

"一方面，对于这样一个拥有 100 多年历史的风貌街区，建筑本身需要大力修缮和维护；另一方面，我们也希望能够在民生方面，让居住在这里几十年的居民切实地感受到生活条件的改善。"

被问及创新的征收模式如何得到居民的配合，时筠仑告诉记者，过去征收往往基于"拆改"，在居民动迁、房屋拆除后建设新的建筑。由于张园本身属于历史风貌保护区，静安区政府开创了"保护性征收"这一全新模式——基于"留改拆"的理念，居民按照征收政策搬走之后，把所有的历史建筑都予以保留，即"人走房留"。

在保护性征收前，张园原有居民 1125 户，尽管多年来政府实施了厨卫革命、一平方米马桶改造等实事工程，但仍有 276 户无卫生设施，建筑内部空间分割存在破坏性和超负荷使用的问题。在此背景下，以修缮、保护、更新、活化利用为主的征收模式得到了居民的积极配合。他们在拿到补偿款后迁入更舒适的居住空间，同时乐见承载自己与城市记忆的历史空间得以保留、修缮，并在城市繁华中心重新焕发活力。

城市中央,一场更新的实验

居民腾退,只是这场城市更新"实验"的开始。

传统征收模式,是在腾退后进行拆除、建围墙、土地平整,因为既没房又没人,看护管理相对方便。而"人走房留"的模式,一方面有安全隐患,另一方面建筑由于无人居住,缺少日常维护,容易出现风险。基于此,静安置业集团首创"一幢一档"模式,历时两年半对张园进行资料库建设。通过建筑概况、房屋信息、基础资料、历史图纸、现状图纸、物业资料、影像资料、工艺描述、保护控制建议等,全方位记录了张园的历史进程与现状情况,为日后的修缮利用提供依据。在此基础上,静安置业集团制定实施严格的"人防+技防"保护措施,在固定岗、巡逻岗配置保安人员,所有人员一律凭证进入张园。同时,安装了80多个摄像头,并根据设备传感器及监测探头反馈信息进行实时监控,以最严格的看护确保保护性征收后的项目推进。

遵循严格红线守护历史文脉的同时,如何实现增量,是历史风貌区更新的共同难题。"因为地上已经没有任何的增量,我们只能往地下去。"时筠仑表示,在市中心提倡公共交通出行、建立慢行系统的前提下,因项目今后要满足居住、生活、工作、办公、商业等多重功能,为了兑现相关配套,在东区,静安置业穷尽各种保护手段，进行了稳妥有序的加固，对历史建筑进行平移。"整个开发过程中，为了保护历史建筑，没有任何的推倒与拆除。很多地方要借助空间进行腾挪，因此大家可以看到，平移工作并非简单的横平竖直，既有常规的顶升平移，也有步履式的平移，甚至对某些建筑，我们只能做原地的顶升。这些工作不仅是为了保护建筑不受损害，同时也为腾挪出来的空地提供了地下空间开挖的可能性。"

由于建筑状态的差距，针对张园西区，专家们评估再三、犹豫再三，最终决定不做地下空间开发，以避免对建筑造成结构性损坏的可能性。时筠仑介绍，东区的南面和北面各有两块小的空地，今后将有新建的"增量"：南面的空地将建成一个演艺中心，北面的空地将打造一个小型的美术馆。最终，在整个东区，通过新建建筑及地下空间建设，将实现13 500平方米的空间增量。

中国科学院院士常青曾对记者表示，张园是一个更新实验，成功与否还要持续观察，但他对此寄予厚望。被问及张园的实验性体现在哪些方面，时筠仑表示，在他看来，一个是文化，一个是系统。

"第一，在这样一个项目中，如何真正把文化注入到建设的全过程，真的非常重要。以前我们可能在某些项目或者某一些点上进行了实践，但是贯穿全方位、全过程，确实是第一次。第二，一个街区型的城市更新项目具有很强的系统性。我们现在碰到的很多问题都是前所未有的，如果没有系统性、全局性的考虑，往往会'按下葫芦浮起瓢'，因为一个因素的变化会导致整个系统出现调整。如果不用系统性的眼光来做更新设计，就会一直很被动。"

石库门更新的文化样本

石库门是上海的图腾。从新天地到今潮8弄，围绕石库门的更新，上海进行了持续多年的多元探索。在时筠仑看来，张园的探索具有其独到之处。

除了征收和既有建筑地下空间开发之外，时筠仑认为，在修缮方面，张园从病虫害的预防到原材料、原工艺的研究，不仅积累了经验，还取得了一些成果。此外，鉴于按居住功能始建的石库门建筑内部空间较小、层次较多，为满足未来的商业、办公、居住需求，静安置业在空间改造活化利用上进行了较大的突破和尝试，赋予空间更大的灵活性和可调整性。在运营方面，张园始终强调以文化为魂。在西区焕新归来的一周年之际，2023年12月，"安垲第－张园海派文化交流中心"在张园八号楼揭幕，张园管委会宣布这里将成为新时代海派文化交流互鉴的新载体。与此同时，建立张园文化合伙人机制，两位"张园文化合伙人"——上海博物馆、上海东方报业在启幕仪式上与静安置业集团战略合作签约。

"我觉得每一个环节或者每一个科目，点点滴滴汇总起来，今后可供其他城市更新项目参考甚至直接复制。从针对近代建筑建立保护机制到提出成片保护概念，上海一直是走在前面的。"时筠仑表示，张园的先行探索，无论经验也好，教训也好，都会促进历史文化街区的保护、改造、利用，让城市更新得以更快推进。

我们的地方，我们的荣耀

2022年下半年起，各大媒体竞相报道张园焕新，"海上第一名园"以崭新面貌回归。作为近代上海最大的城市公共空间，与全球三大奢侈品集团旗下品牌——法国路威酩轩集团、瑞士历峰集团和法国开云集团达成合作关系，高端品牌的入驻是否会影响其公共性？

时筠仑表示，项目始终致力于延续地块的公共性基因，并强调其通达性：未来，地下空间将实现整个街区的互联互通；地上则没有围墙和栏杆，完全向公众开放。无论是将石库门建筑从单纯的居住功能改为商业、办公、文化、居住等多重功能于一体，还是即将新建的美术馆、剧院等建筑，都在试图将曾经的私人空间开放给上海、开放给世界。此外，张园的公共性与开放性，对于入驻品牌的形象推广、传播影响力都是有帮助的。

采访最后一个问题，是用一句话来推荐张园。时筠仑表示，其实他也一直在想，希望能找到一句既朗朗上口，又能够真正体现张园特色的话。在西区开业的时候，张园打出的标语是"我们的地方，我们的荣耀"。"首先，张园经过一百多年的时光存续至今，还能拥有这样好的一片历史街区，这本身就是上海人民、中国人民的荣耀。同时，焕新之后的张园，一定还是我们共同的地方。我们反复强调的公共性，意味着我们从未想过把它打造成一个私家的领域和空间，它始终属于上海人民、属于中国人民。因此，'我们的地方，我们的荣耀'，这是我们追求的目标。"

时筠仑个人为张园构想的推荐词则是"最上海，最时尚"。他认为，张园是上海的代表，时尚是张园的基因。历史上，上海很多新事物、新潮流都在张园登场，他希望更多的年轻人能够喜欢张园。

示范

相信榜样的力量

城市更新工作是没有边界的,也很难第一时间看到效果。

136—200

自"实施城市更新行动"首次被纳入《中华人民共和国国民经济和社会发展第十四个五年规划和2035年远景目标纲要》("十四五"规划)以来，全国各地纷纷响应，积极推动城市更新价值理念和操作模式不断迭代升级。作为城市更新的敏锐观察者、忠实记录者和积极传播者，澎湃新闻自2021年起将这些探索、实践以"澎湃城市更新年度榜单"的形式向社会发布。同时，澎湃新闻还将征集的视野拓展到全球范围，旨在发掘并传扬那些具有示范性、引领性的城市更新案例。

三年来，澎湃新闻以报道、展览等线上线下相结合的多元形式，持续向社会各界展示那些具有实验性的城市更新样本，以期促进先进经验的广泛分享，推动城市更新有序发展。

专家推荐项目节选

杨浦滨江边园
2023 最佳空间影响力案例
地点：上海市杨浦区
建造时间：2019 年

"进入后工业时代，工业历史空间的大部分已成为'锈带'。但是这里也留下了工业文明演进的印痕，是城市记忆不可或缺的载体。它们亟需通过再生策划与设计为其赋能及续命，使其衰朽故去还复来，并有机融入当代的城市生活。知名建筑师柳亦春主持的'边园'设计，以上海杨树浦路原煤气站遗存为对象，从整理和提炼滨江工业历史空间的景观现状入手，加入得体的创意元素，追求因旧而新，形成了既酷炫、又充满沉浸感的空间体验。该项目为工业建成遗产的空间重塑和场所再造提供了极具挑战性和探索性的范例，是旧工业区及其周边环境复兴不可多得的设计佳作，特此郑重推荐。"

——中国科学院院士 常青

华东医院南楼整体修缮改造工程
2023 优秀公共服务案例
地点：上海市静安区
建造时间：1926 年（建成）、2021 年（更新）

"华东医院南楼在保护性修缮的框架下，探索运用当代新技术、新方案，将文物建筑保护与利用和公共服务水平的提升有机结合起来。通过顶升托换等先进技术，项目全面提升了文物安全性能，延长了使用寿命，'让旧瓶装新酒'，创新实现文物建筑的保护和延续利用，为城市更新发展保留下了历史记忆和文化基因。"

——全国工程勘察设计大师 王卫东

湖北荆州古城修复与保护项目咨询及设计
2023 新型城镇化案例
地点：湖北省荆州市
建造时间：2022 年（更新）

"湖北荆州古城修复与保护项目秉承文化保护传承与高质量发展的理念，在旅游和本土文化拓展方面，探索了多方位社区参与的模式，提升了古城基础公共设施建设水平和服务能力，改善了古城周边居民的生活环境，发挥了古城的综合带动作用，促进了区域协调发展，最终实现了城与水、城与人、人与自然的和谐相处。该项目是极具代表性的生态宜居、和谐发展新型城镇化改造项目。我郑重推荐该项目为 2023 澎湃城市更新年度榜单'新型城镇化案例'。"

——中国工程院外籍院士 邓文中

见微知著——24+ 城市微展
2023 优秀公共服务案例
地点：江苏省南京市
完成时间：2023 年

"城市更新的核心任务之一是活化、呈现'硬城市'背后的'软城市'，营造适宜生活的环境，激发对附近的感知和意义。'见微知著——24+ 城市微展'用策展的方式串联起分散在城市中的一组'微场所'，将它们调频到共鸣的状态，自下而上演绎城市的日常叙事。这一做法是微观且有温度的，它拓展了我们营造'软城市'的工具包。"

——南京大学建筑与城市规划学院副院长 鲁安东

九寨沟县灾后恢复重建概念规划

2023 卓越空间影响力案例
地点：四川省阿坝藏族羌族自治州九寨沟县
完工时间：2022 年

"九寨沟灾后恢复重建概念规划，基于对世界自然遗产地的生态本底和民族地区人文本色的系统认知，兼顾震后重建与地区长远发展，以'自然山川保育与本色呈现、民族文化传承与原真彰显'的价值共识、严格保护与动态演进相得益彰的系列规划工作，使九寨沟真正成为兼顾生活服务与旅游发展的人与自然共生之地。该项目展现了对生态保育和地区发展、原住民生活文化延续与旅游产业拓展的思考；它对自然的敬畏、对人的关怀令人感动；其少建轻建的审慎态度，为世界自然遗产所在地的灾后重建与永续发展作出了富有启示性的示范样本。"

——全国工程勘察设计大师 韩冬青

成都市新都正因社区更新城市设计

2023 社区赋能案例
地点：成都市新都区
建造时间：2000 年（建成）、2019 年至今（持续更新）

"大学生的生活消费需求多样且前卫旺盛，但其价格承受力有限。城中村作为城市不可或缺的非正规供给部分，原住民的生活生存状态常常不尽如人意，成为脏乱差现象的易发地区。作为大学旁的城中村，成都正因社区更新项目有效地链接了大学生多样化消费需求与城中村低成本供给，弥合了校园和社区的社群裂隙。项目以轻量化的改造更新提升了大学生消费服务供给的品质与生活环境的安全水平，又为社区居民创造了就业和收入，体现了城市更新应有的人文价值、社会价值和经济价值。"

——全国工程勘察设计大师 李晓江

六工汇

2023 商业活力再造案例
地点：北京市石景山区
建造时间：2022 年（建成）

"北京六工汇项目结合所在首钢园区的既有工业遗存和肌理特征，通过有效的新旧融合式织补更新，营造了富于活力的商业空间。积极的外部公共空间塑造让六工汇成为了充满吸引力的城市活力聚集地和创新策源地。六工汇是一例具有代表性的工业遗存商业更新的实践，我郑重推荐该项目为 2023 澎湃城市更新年度榜单'最佳商业活力再造案例'。"

——全国工程勘察设计大师 张杰

杨浦滨江南段公共空间

章明 张姿 秦曙

2021年度特别案例·城市更新公共服务样本

> "杨浦滨江的上海城市更新之路,是一条融合历史与现代、生态与人文的守正创新之路。项目以重塑城市形象、重启城市活力为目标,还江于民,变'锈'为'秀',从根本上优化了曾经临江不见江、近岸不见岸的杨浦滨江景观风貌及其城市生态,对上海的城市更新探索具有引领和示范作用。"
>
> ——中国科学院院士 常青

19世纪末20世纪初,上海黄浦江畔的杨浦滨江区域逐渐聚集了大量的工厂,沿江岸形成了宽窄不一、条带状分布的独立用地,塑造出特殊的城市肌理,同时也在黄浦江同城市生活空间之间建起了一道"隔离墙",以至于大多数当地人都已经忘却了这片资源丰沛的滨江岸线(图1)。随着城市产业结构的调整,工厂陆续迁出,滨江空间迎来了更新发展的重大转机。

作为杨浦滨江南段公共空间的总设计师团队,原作设计工作室于2015年完成了杨浦滨江5.5千米滨水岸线的城市设计,提出了"以工业文脉记忆传承为核心,建设生活化、生态性和智慧型的滨水空间"的设计目标,制定了"三带贯通、三道交织"的贯通计划,并打造了9段各具特色的多层次公共空间。整个项目的更新改造过程一直都伴随着六个维度的综合思考。

一、基于城区交融渗透的系统化空间营造

在项目中,公共空间的营造不是单一维度的,而是作为一项系统工程,整体性地构建三维空间秩序与多维管理逻辑(图2)。

图 1 杨浦滨江的百年工业畚形 原作设计工作室绘制

公共空间的系统化营造关系着城市物质空间的肌理形态，关系着城市空间可达性、交通连接度、区域通达度，关系着城市物质空间所承载的历史文化元素和所蕴含的精神建构价值。通过城市设计挖掘场所的空间特色，从整体平面和立体空间两个维度上统筹城市建筑布局，协调城市景观风貌。在尊重历史遗存的前提下构筑起滨水区域水岸与腹地之间的三维链接，弥合滨水地区与城市区域曾经存在的隔阂，形成错落有致的空间关系，从而促进调整区域功能结构和运转模式。

公共空间的系统化营造，实际上是以立体化的思维对城市生活场景进行构思，旨在有效整合城市公共空间资源，激活城市公共生活，同时为城市交通、公共安全、医疗卫生、市民服务、教育科技、公共事业等多系统智慧化的整合提供空间支持，助力信息驱动的滨水空间智慧发展。

上海杨浦滨江公共空间南段的设计，始于城市设计的整体控制。在城市设计层面着力于开放性与可达性，构架"三带贯通、三道交织"的交通脉络体系：通过水上栈桥、架空通廊、码头建筑顶部穿越、景观连桥等多种因地制宜的方式，三维贯通道路上的六个断点，梳理城市外部道路与各区域内部道路的对接关系，形成具有场所精神的 5.5 千米连续不间断的工业遗存博览带；植入漫步道、慢跑道和骑行道"三道"交织活力带；打造结合地形、防汛墙等河岸设施和厂区特色植物的原生景观体验带。在对原有相关的 9 座工业厂房，包括上海船厂、上海杨树浦自来水厂、上海第一毛条厂、上海烟草厂、

图2 杨浦滨江"绿之丘"成为城市的立体化链接 章勇摄

图3 电厂遗迹公园保留的厂房和改造成为城市家具的运煤小车 章勇摄

上海电站辅机专业设计制造厂、上海杨树浦煤气厂、上海杨树浦发电厂、上海十七棉纺织厂等厂区进行勘察分析的基础上，拆除原有的厂区围墙、没有保留价值的工厂建筑和违章搭建，营造出自由开敞的空间（图3）。通过抬高局部地面、架设廊桥和设置二级防汛墙等方式处理高出场地2~4米的防汛墙，打破其原有的连续不断的压迫感，从而完成公共空间的贯通和生态治理。各个区段空间根据其资源特征有的放矢地制定更新计划，挖掘地块历史文脉，植入恰当的城市功能，最终形成9段各具特色的多层次公共空间。

二、基于场所记忆再生的历史文脉延续

在设计过程中，我们秉承"场所精神"的核心理念，提出了"锚固与游离"——物质留存与诗意呈现并重的理念。"锚固"指以场地上既有的各种物质遗存作为媒介和着力点，使场地牢牢地与过往及当下的社会文化相联系，并在空间中得以体现，呈现为场所精神；"游离"则是场所精神得以呈现的另外一重路径：新引入的元素在尊重既有环境的基础上，以适度而清晰的方式介入现存空间，既避免和既有环境的过度融合，又与老的部分形成鲜明对比的并置关系，共同在一个连续且不断叠加的过程中生长发展。

对上海而言，杨浦滨江锈迹斑斑的桩基锚点和密密匝匝的货栈仓库有着特殊的意义，它们是近代工业文明的见证。在杨浦滨江示范段中，原鱼市货运通道和防汛闸门，以及原有趸船的浮动限位桩、钢质拴船桩和混凝土系缆墩成为场地的指示牌；那些在长年累月运货压力下显得斑驳粗糙的码头地面混凝土也得以保留，经过修补、打磨、抛丸、固化处理后成为步行地面（图4）。设计通过在现有场地的残留痕迹中挖掘价值与寻求线索，将文化的意义抽取、演绎并批判性重构，从而逐渐重塑场所，使场所精神得以延续和再现。

不仅如此，杨浦滨江的改造实践也放弃了追求新老元素的融合统一，转而从局部元素及其连接方式出发，顺应和接受那些自发与偶发的状态，进而呈现出"熟悉的陌生感"。

三、基于空间共享与景观再造的基础设施复合利用

在当代中国的语境中，基础设施的公共空间化、建筑化、景观化正逐步获得共识。它的核心宗旨在于为城市提供更多、更优质的公共服务性内容，涉及整合土地使用权、全线布局与更新各类服务设施，及美学再造等问题。在理论和实践的双重探索中，更为重要的是对城市本身的关怀：面向城市的现实空间结构与状态，响应其对于功能的诉求，将以往被视作"边界""断裂"或"阻隔"的市政设施或道路等元素视作"缝合"或"连通"的契机，从而优化城市公共空间体系。

图4 杨浦滨江示范段保留的老码头处理 章明摄

杨浦滨江公共空间再生项目中提供了多项基础设施复合案例：水厂栈桥利用水厂外的防撞桩，通过上翻的"U"形结构和菠萝格材质的通用，不仅保留了整体性与延展性，还将其转化为座椅和树池，与人的活动发生了关联（图5）；绿之丘的建设，则经历过与城市规划部门和市政建设部门的反复协商，在满足净高和净宽建设要求的前提下，通过将原烟草仓库中间三跨打通，实现了规划道路在既有建筑下方穿越的构想，使老旧厂房更新成为一个

图5 活跃的杨浦滨水厂栈桥 章明摄

集市政基础设施、公共绿地和公共服务设施于一体的城市滨江综合体；宁国路轮渡站渡口将屋顶设计成与滨江步行桥标高相同的放大平台，从底部结构升高的虚透格构伞面同时可以帮助行人遮阳，从而提升了城市公共空间节点的使用体验。

基础设施复合利用的提出，不仅能够在有限的用地条件内实现土地的集约利用，还促进了公共空间节点和标志性建筑的塑造，进一步完善了城市公共空间网络，提升了城市环境品质，激发了市民的公共活动热情，优化了交通设施体系，具有显著的城市意义。

四、基于场地文脉与公共互动的场景节点构筑

城市滨水空间往往沿着穿越城市的河流形成长达几千米甚至几十千米的岸线。在工业制造时期，厂区的分割不存在划分功能段的问题，但进入后工业时期，随着滨水空间融入城市，绵长的线形公共空间岸线需要小尺度的空间节点作为视觉焦点与节奏控制要素，以强调场所秩序；同时，系统性整体化的立体公共空间营造更需要空间节点，以完善场地的立体空间关系，构筑起"大"场所中一个个"小"生活场景的关联。

因此，在城市滨水空间这个城市大场景中设计的并不仅仅是"小"这个物象本身，更重要的是通过这些"小"节点构筑物作为场景塑造的抓手，创造一种递进的序列、一种延伸的关联、一种通向更广博自然的触媒。这其中包含着对场地内在秩序的分解性重构、场地记忆的时间性调适与日常使用的场景勾画思考。不仅如此，在过程和序列的建构中去探索界定一个合适的"小"，以及"小"之间恰如其分的关联方式，是"小"得以成为关联线索的关键。

杨浦滨江人人屋、人人馆系列采取了"化大为小，再以小连缀为大"的设计策略（图6）。"拆解"的逻辑始于对场地原有祥泰木行

图6 服务驿站——"人人屋" 章勇 摄

厂区留存信息的梳理，在格栅化处理的基础之上延伸到颗粒化的结构单元、钢木材料的节点等，最后形成体系承重的整体建构形态。这样被拆解出来的"小"，关联着形成场地的线索，"建立起一个可分析、可阅读的系统"。

小尺度建筑通过真切的材料、细微的质感，甚至气味、声响、触觉等，将既有环境带来的丰富层次感传递给人们。同样，频繁的使用会在材料上留有人们与物质之间"长时间互动而表现出来的成熟质感"，那么，人也在这个过程中成为一个个微小而敏感的末端，通过触手可及的"小"、近在咫尺的"温度"，来连接关系网络、思考健康公共生活所真正需要的基础，营造出一个回应性的包容体系。

五、基于场所特征的原生生态环境修复

2015年中央城市工作会议明确了"使城市内部的水系、绿地同城市外围的河湖、森林、耕地形成完整的生态网络"，推动了城市滨水空间的发展。

城市滨水区域占据着得天独厚的水资源，即便是经过一段时间的工业用途，也仍然存在着一些原生的生态微环境。对此，采用低影响开发（Low Impact Development，LID）模式，提出有限介入、生境营造、水城共荣的生态环境修复理念，尽量保留原生植物群落与原生水系。当然，要实现生态城市建设，仅仅依靠有限介入的低影响开发是不够的，更重要的是能够在人工环境中帮助各项自然资源形成自身的循环系统。作为与城市生活最密切相关的生态系统，水

资源自循环的实现是城市可持续发展的有力保证。因此，在修复与提升场所既有生态环境的同时，通过设置雨水花园、屋顶花园、植被浅沟和可渗透铺装等手段来实现水的自循环，营造人与自然和谐共存的海绵城市体系，将城市滨水空间真正激活变为亲水空间。

杨浦滨江在建设中力图实现海绵城市的要义，整个公共空间以植被浅沟和可渗透铺装为主，同时尽可能以绿色建筑的标准设计新建和改造建筑。原怡和纱厂大班住宅旁有一片低洼积水区，设计利用原本的地貌状态，形成可以汇集雨水的低洼湿地，并结合原有植物群落设置能够自净和自然下渗的雨水花园（图7、图8）；杨树浦电厂的一组储水、净水装置拆除后在场地上留有的圆形基坑，其结合场地存留的植被形成了能够汇集、净化雨水并自然下渗的生态景观水池；绿之丘的设计通过立面索网体系承接降水，将上层花园的雨水送往地面下渗，在完成水循环及水管理之外，将屋顶、切削原先体量得到的退台和从杨树浦路延伸到江岸的二层坡道共同构筑成城市立体花园，通过多样化的亲水空间来塑造人们生理和心理上临水而安全的环境。生态环境建设的目标并不止于环境治理和自然生态恢复，更重要的是提升城市空间品质，促进城市的高质量发展。

六、锚固于场所精神的公共艺术植入

城市公共艺术能够培育在地的文化创新能力，将美育与日常生活结合在一起，使之成为一种背景，在潜移默化中提升人们的审美。于是，公共艺术开始作为城市活力的催化剂，成为城市的精神角色的承载者和城市软实力的重要组成部分，在公共场所无差别面向公众的属性加持下，体现出日常性、参与性和事件性的特征。将日常服务设施艺术化，既能让公共空间呈现出精妙的细节，又能因为服务设施的规模而卓有成效。

图7 杨浦滨江示范段雨水湿地顶视图 原作设计工作室摄

图8 写意的雨水湿地 袁嘉摄

148

在杨浦滨江的实践中，灯柱和栏杆被象征化，设计理念提取自老工厂中管道林立的意象，如今"水管灯"已成为杨浦滨江的标志性特征之一。复合花池座椅等城市家具，其形式取自黄浦江上的沙舟与趸船，用锈蚀钢板以轮式支撑的方式安置于码头上，取名为"工业之舟"。这既解决了浮码头无法种植高大乔木为市民日常游憩提供遮阳的问题，又暗示着过去车来船往的繁忙景象。浮码头上原先的拴船桩也被集中布置在广场上，形成一个集群装置，获得了新的演绎，孩子们乐于绕着它们奔跑嬉戏。

图9 公共艺术品于卸煤塔吊 钟奇霖

2019上海城市空间艺术季以整个杨浦滨江南段5.5千米的公共空间作为展场，从室内走到了室外，并邀请了20位国际知名艺术家为全线布置、创作了20件极具在地性的公共艺术品（图9）。艺术家通过对空间特征进行艺术化诠释，依托场地内卸煤机塔吊直接创作，利用对废弃货船进行重构等方式将历史记忆重新引入当下的语境与生活。空间在公共艺术的叠加赋能下，具有更多故事性与互动性，从而呈现出更为生动的场所精神。

七、结语：多维整合引领综合效益

杨浦滨江滨水公共空间实践，打破现代主义城市规划中孤立功能区域和封闭技术体系的局限，转而从历史文化、产业结构、生态环境等多重视角出发，深入探索整体性城市更新的创新路径。通过系统性的城市设计策略，该项目建立了滨水与城市腹地之间的联系，重塑了城市特征的滨水空间认知，并应用信息技术手段优化了形态布局与效果评估，实现了对项目的全局把控。在这一过程中，场地历史文脉的挖掘激发了场所精神，基础设施的复合使用则实现了土地资源的节约利用，小节点建构为市民搭建了日常使用场景，生态环境的修复蕴养则促进亲水活力空间的形成，公共艺术植入也提升了公众参与度和审美素养。

在社会效益方面，还江于民的举措改变了城区面貌，带来了结构性转变。项目作为"人民城市人民建、人民城市为人民"理念的首倡之地，极大提升了市民幸福感和获得感，具有广泛的社会影响力和示范效应。同时，项目的实施振兴了工业文化遗产，将这些宝贵的历史记忆重新融入城市日常生活，既保留了工业遗存，又深入挖掘了历史故事，极大丰富了城市文化和市民生活。

在经济效益方面，公共空间建设激发了城市更新的活力，改善了公共服务设施，促进了周边区域发展和产业升级。杨浦滨江地区因此而发生了深刻的产业形态变化，新办公和商业场所逐渐兴起，住区环境逐步升级，为区域注入了新的活力和机遇。同时，杨浦滨江积极引进科技创新、在线新经济、文化创意类头部企业，致力于打造在线新经济总部集聚区，计划到2025年引进、培育、发展30家以上在线新经济头部企业，产业规模超过3000亿元。

在生态效益方面，项目修复了城市生态，重塑了城市地表，构筑了韧性水岸。通过低影响建设、原生生态修复和韧性水岸建设等原则的实施，项目进行了系统化海绵城市规划与建设，提升了滨水空间蓄滞能力，对部分受污染区域进行土壤修复，重塑区域生态本底。同时，项目关注水岸设计与防汛体系整合，形成更具韧性的生态水岸。杨浦滨江成为创建市级公园城市的先行示范区和绿色低碳发展标杆区。

南京小西湖街区保护与再生

韩冬青

> "小西湖街区保护更新工作细致而丰富，强调多元参与、分类施策、因势利导的策略，呈现出'六个可'——历史可阅读、空间可体验、个体可参与、活力可分享、机制可复制、制度可操作。这个项目有可能打开了一个历史街区多元价值呈现和公共审美的新的窗口。"
>
> ——中国工程院院士 王建国

小西湖街区地处南京老城南的东部，占地4.69公顷。作为保留了明清风貌特征的居住型街区，它不仅是南京市历史风貌区之一，也是被南京市政府列入棚户区改造的对象之一。经历复杂的历史变迁，小西湖街区的历史价值逐渐淹没于密集的人口和衰败的环境之中（图1）。至2016年，小西湖街区内共有810户居民和25家企业单位，总人口3000余人，人均居住面积约10平方米。2015年暑期，南京市规划局和秦淮区政府联合发起了一项由三所在宁高校研究生参与的志愿者行动，旨在探索街区的保护与再生策略。后确定由东南大学团队承担规划设计，南京历史城区保护建设集团（下文简称"历保集团"）负责项目实施。

小西湖街区保护与再生工作秉持以人为本、以历史文化保护为先的原则，遵循"小尺度、渐进式、管得住、用得活"的理念，通过调查研究、规划编制、政策探新、遗产保护修缮、市政管网和街巷环境改造、参与性设计建设等一系列探索，逐步形成了多元主体参与、持续推进的小尺度渐进式的保护再生路径（图2、图3）。

图1 改造前的小西湖街区环境

图2 小西湖街区一期实施项目总图

图3 小西湖街区一期实施项目鸟瞰图

一、以居民意愿为指向的入户调研

小西湖街区的现场调研工作起始于 2015 年暑期,并于 2017 年再次启动了为期一年多的全覆盖入户调研。首次调研以物质空间调研为主,第二次调研则针对居民的驻留或搬迁意愿。鉴于小西湖街区的物质空间和产权关系复杂、居民诉求不一,历保集团与设计团队协同合作,逐户进行了居住状况、产权信息与居民意愿的调查,并编制了"权属类型学地图"作为呈现物质空间肌理、标识物权单元、记录居民意愿的载体工具。这份地图细致呈现了每一个院落地块、每一栋建筑乃至每一个房间的产权归属和搬迁意愿(图 4、图 5)。它不仅是设计团队与居民沟通的工具,也成为支撑规划设计的重要基础。

图 4 产权类型分布图

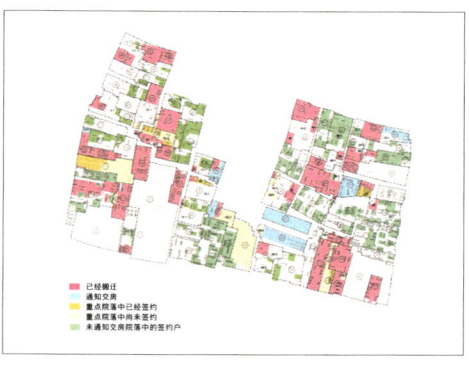

图 5 居民搬迁意愿图

二、立体覆盖的活态遗产保护

在物质空间层面,小西湖街区的历史街巷结构和传统肌理得到了保护:6 处文物建筑和历史建筑得到保护和修缮,并被植入新功能;文献记载中的"三官堂"的遗址被发现,并得到保护(图 6);曾经的"翔鸾庙"被再造为社区公共活动中心(图 7);院落类型普遍得以传承;古树名

图 6 "三官堂"遗址　　图 7 "翔鸾庙"社区活动中心

木被严格保护，并与新环境和谐相融。小西湖街区的历史地籍形态及其演进被纳入保护视野，为维持该地段细密的空间肌理提供了规划工具（图8）。在社会层面，规划注重对原住居民及个体权益的保护，采用"自愿、渐进"的搬迁模式，通过与居民持续沟通，逐步实施就地改造和街区内平移安置，最终驻留住户约占原住民户数的46%。通过对物质要素、街巷结构、地块形态、邻里社群的系统性保护，小西湖街区保留了不同时期的历史遗存和风貌，也留住了南京老城南的烟火气。

三、张弛有度的规划方法

小西湖街区规划在继承了此前历史风貌区保护规划总体要求的基础上，基于新的理念、历史梳理和现状调研的成果，对原控制性

图8　1930年代的历史地籍（左，117个地块）、改造前地籍（中，216个地块）和规划地块（右，127个微更新实施单元）的演化关系

详细规划进行了较大调整。新规划明确了生活性传统风貌区的基本定位，以文化保护和居住环境及设施的综合改善为目标，整合了历史空间结构及物质要素的保护、公共服务设施的补充、消防体系的重构等内容。其最重要的转变在于新规划确立了以产权地块为基础，有效引导保护与再生的动态进程的基本宗旨。规划编制创新性地提出了层级化管控体系（图9）：第一层级是由街巷围合而成的15个"规划管控单元"，明确基本的规划设计要求；第二层级则是基于细密地块肌理的更新实施最小单元，即127个微更新实施单元，不同主体均可根据图则要求进行改造活动。基于微更新实施单元而编制的图则（图10）作为持续更新的基本管控工具，是管理机构和各相关方对土地征收流转、更新设计、建设、运营过程进行管控、论证、监督和建成后评估的基本依据。这一分级管控体系保障了规划管理的原则性，也为实施过程中的多样性和动态性留有余地。

在新的规划引导与控制下，设计方案可以根据历史保护、房屋产权性质和搬迁意愿，动态有序地调整。利用居民自愿搬迁腾出的空间，街巷得以疏通、基础设施得到改造、公共服务和活动空间显著增加，从而有效激发街区活力并改善了人居环境。

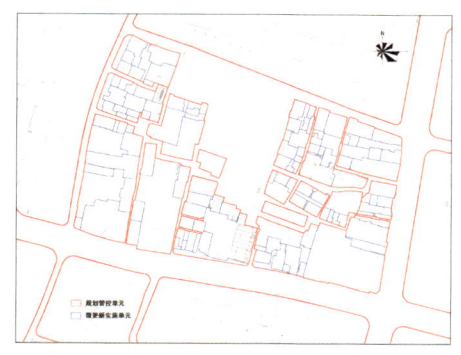

图9 分级管控体系

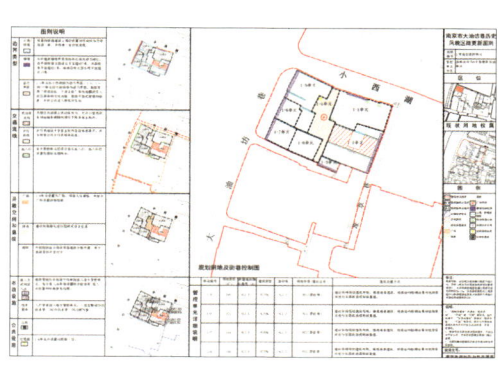

图10 微更新图则

四、空间更新与政策协同

结合产权性质、居民诉求和场地条件，"一房一策"开展保护与更新设计。已完成的公房改造项目包括：平移安置房、共生院、花间堂民宿、综合控制中心。私房改造项目包括：共享院、熙湖里、马道街 39 号许宅等。更多私宅的自主更新持续进行中。

依托既有街巷的基本结构，结合历史建筑修复和局部地块翻建，引入小规模商业服务和休闲业态，改造街巷铺装，并增设了街道家具。在公私合作、业态混合、多元参与的灵活策略下，衍生出充满生活情趣、商住混合的生活性街道。在街区市政基础设施的改造中，研发并实施了"微型管廊"技术，化解了历史街巷小尺度与市政管线敷设之间的矛盾。

五、认识与思考

1）保护与活化

如何认识城市建筑遗产，又如何使遗产融入当代生活，是历史地段的保护与再生的前提性问题。历史地段的形态风貌是历史积淀的结果。法定文物并非遗产的全部。同时，遗产不仅需要保护，还需要活化利用。

尽管小西湖街区被认为是"比较完整地保留了明清时期的建筑风貌"，但实际上，完整的传统建筑遗存只是其中的一部分。这里还包含近代的院落式住宅、独栋住宅、1949 年后的集合住宅、单位办公建筑等。而在那些未被定性为文保建筑或历史建筑的地方，也存在局部的历史要素，它们隐匿于杂乱衰败的现实场景中，面临着"孩子和水一起泼掉"的危险。从街巷结构和地块组织看，这里基本保持了明清时期的形态结构特征，但随时间推移也发生了微观变化。这反映了街区空间结构稳定性和物质要素动态性的并存。因此，风貌保护不应只针对某个特定历史时期的遗存，更不能以某种单一的历史风格为标准而全面覆盖，而是要基于完整且动态的价值认知，在维护历史格局的基础上，保留不同时期的年轮痕迹。同时，遗产的原真性并不仅限于其物质性，还包含物质要素的组织结构。遗产保护或风貌传承，不仅涉及物质的本体，也包括组织这些要素和空间秩序所遵循的规则、技艺及其传承和流变的过程痕迹。

"原住民"是另一个重要议题。小西湖街区已经是南京为数不多的原住民与建成环境依然维系深切关联的历史地段了，其习俗和行为在人与环境之间相互衍生。这样的风貌区是日常生活中的活态遗产，"它们为普通民众的日常生活提供了场所，并且发生于实用主义的逻辑及地方性的美学。" 如果这些特定的居民全部被动迁，居民与建成环境的关系就会被完全切断，那么物质空间遗产就将失去其鲜活的灵魂。在空间承载力允许的前提下，尽量留下原住民，并保护他们参与生活空间改造的话语权就尤为重要。

2）外显与内隐

风貌衰败的背后是营建文化及其所依赖的生成机制的失序。仅仅关注外在风格样式的语境保护，难以从根本上实现传统风貌保护的初衷，更无法谈及宜居品质的提升。我们必须深入探寻隐匿在风貌表象背后的结构与机制。

如果说木构宅院是最显性的建筑类型，那么在由街巷划分的土地区间内，地籍及其相互间的组构则构成了内隐的空间结构。地块尺度以及拆并、转让等情况，反映了历史变迁中复杂且精细的社会、文化和经济结构。在个体层面，传统住屋营造或奢侈或节俭的不同旨趣，乃至兴建时间的参差都是由地籍主人所决定的。共同的礼俗规则与不同的个体诉求，历经变迁，共同铸成了和而不同的历史形态与风貌。近代以来，小西湖街区出现了不少与传统建筑不相吻合

---

1 王建国.历史文化街区适应性保护改造和活力再生路径探索——以宜兴丁蜀古南街为例[J].建筑学报.2021(5):1-7.

2 奈扎·阿尔萨耶.建成环境中的传统："真实"、超真和拟真[M].黄华青，梁宇舒，译.北京：清华大学出版社，2021:13.

的"异类",但这些并未颠覆整体的形态秩序,反倒见证了既有街区结构的包容性和风貌的多样性。小西湖街区改造中新旧共存的多样性受到普遍欢迎,这佐证了仅在建筑风格上大费周章并非完整的策略;从地块及其组织机理入手,再次培植营建的秩序,反倒更利于把握保护与再生的基本路径和脉搏。

3）规则与突破

现实的改造行为都始于既有规则。改造的过程就是从遭遇冲突,到化解矛盾,进而完善规则的过程。长期以来,文化保护、城市规划、市政工程、建筑工程等领域都由不同的行政职能部门进行纵向管理。不同层级的规划与设计涉及众多的专业法规和标准。然而,许多制度、法规、标准都难以适应城市更新的现实条件和目标,特别是对历史地段而言更是如此。矛盾的背后,一是观念差异,二是各个层级的规则都指向单一性能的最优化,而少有系统整合。如果改造实践都必须分别对号入座这些既有的规则,那就只能顾此失彼,裹足不前。因此,我们需要允许和鼓励以科学理性为基础,抓住主要矛盾,以综合环境价值和系统化性能目标为指引的探索和实践。同时,也需要在实践中梳理问题、总结经验,推动跨部门的横向协同,推动管理制度和技术法规体系的革新。

六、结语

南京小西湖街区实践成果正在持续显现。通过各方通力协作,历史遗产得到保护,基础设施和公共服务得到完善,居住环境品质明显提升,街区风貌得以传承。小西湖街区的持续再生已具备更为清晰的骨架基础。

我们迫切需要建立一种系统辩证、包容共进的新思维。保护与再生需要建立在对城市建筑活态遗产的完整认知基础之上;自上而下的控制和引导需要兼容自下而上的多样性和动态性；政策、规范、标准需要适应城市更新从观念、方法、技术到路径上的根本转型；物质空间的改造应与相应的权益和性能内外兼修；以历史资源为依托的产业经济如果能渗透到社区建设和居民日常生活之中，就可能激荡出旺盛且可持续的生机。城市更新行动面对的不仅是物质空间，也是外显的物质环境与内隐的结构机制之间循环共轭的复杂系统，更是不同角色、不同利益主体包容共进的动态进程。

黄浦区社区生活圈规划

叶锺楠　陈瑾瑜　陈梦晗　张晓潇

> "这是一次充满人文情怀和烟火气的更新实践，是实至名归的杰作。大师级专家领衔的多专业团队，通过陪伴式服务覆盖了多层次的工作；运用地区画像理解空间特质、人口特征和公众意愿；实施'一街一路'营建，满足差异化的需求……建筑师、规划师和居民共同在百年沪上用蓝图描绘了充满魅力和活力的会客厅，用行动创造了充满温情和凝聚力的新家园。"
>
> ——全国工程勘察设计大师　李晓江

2022年度特别案例·城市更新公共服务榜样

随着上海的城市更新步入注重提升城市品质与活力的内涵式发展新时代，"社区生活圈"已成为推动城市发展的一个关键方向。这一概念聚焦居民家门口的日常生活，旨在通过构建15分钟步行可达范围内的生活圈，集成配备生活所需的基本服务功能与公共活动空间，从而促进社区生活的功能复合和城市治理的精细度提升。

一、超大城市更新发展背景下的社区生活圈建设

自2014年提出社区生活圈概念以来，上海用近十年的探索和实践，全面推动社区生活圈建设行动。2021年，上海联合多个城市共同发布《"15分钟社区生活圈"行动·上海倡议》，明确提出"治理机制共创建、社区需求共商议、规划蓝图共绘制、社区家园共建设、建设成果共享用与治理成效共维护"这一体现多元协同与高公众参与性的"六共"工作方法。2023年上海市发布《上海市"15分钟社区生活圈"行动工作导引》，进一步要求社区生活圈构建"宜居、宜业、宜游、宜学、宜养"的"五宜"多元包容场景。

黄浦区作为上海的城市中心，是全市唯一一个全域CAZ（Central

Activities Zone，中央活动区），也是旧改地块面积最大、分布最广、"二元结构"问题最凸显的城区，定位为全国城区高质量发展的标杆，致力于打造一个便利、富足、高品质的幸福城区。

2022年，为进一步推进社区生活圈建设，黄浦区与华建集团就社区规划师工作开展政企战略合作，由华建集团领导作为总指挥。华建集团华东院组建了由1名总顾问规划师、10名顾问规划师、10位项目规划师与1支华东院志愿服务队构成的"1+10+10+1"整建制社区规划师团队，对接黄浦区10个街道，提供陪伴式的技术咨询服务（图1）。

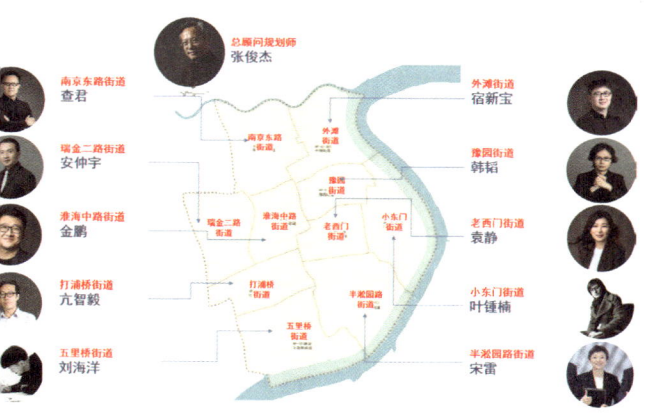

图1 黄浦区社区规划师团队

作为连接政府与社会、规划与实施的关键桥梁，社区规划师团队一方面依托单元规划，从宏观层面统筹区域发展和法定设施建设，保障民生底线；另一方面，以社区生活圈行动为切入点，深入社区，伴随式帮助规划落实和品质提升。

二、制定社区行动计划和行动蓝图

社区行动计划和行动蓝图是基于街镇单元，深度融合经济发展和社会需求的五年规划。华东院以小东门街道作为试点，率先展开社区行动计划和行动蓝图的探索工作。

一方面，以自下而上的方式构建社区需求底板，即以现状评估、规划预测为基础，结合社区文化特色，分析总结街道画像；另一方面，同样以自下而上的方式全面开展公众需求调研，通过座谈会、需求问卷、参与式规划活动等方式,深入了解并整理公众的实际需求。随后,将社区需求底板与公众需求叠加,综合考虑相关部门意见,形成社区行动计划和行动蓝图(图2)。

以小东门街道实践为基础,其他街道结合自身特点、需求推进后续工作。黄浦区共辖10个街道,被划分为12个社区生活圈,其中包含7个居住生活圈和5个商务生活圈。社区规划师团队坚持因地制宜的原则,结合片区发展特征,融合特色功能环境,划分为四大功能组团:南京东路街道及外滩街道组团——世界级商业商务街区、世界级知名文化演艺集聚区;淮海中路及瑞金二路街道组团——世界级高雅时尚商业街区、国际一流中央活动区;豫园街道、老西门街道及小东门街道组团——上海最具民俗特色的文化旅游区;打浦桥街道、五里桥街道、半淞园路街道组团——具有国际影响力的创新创意集聚区(图3)。

同时,华东院同步开展黄浦区社区特色文化专题研究,梳理总结出各街道的文化口号,绘制了各街道文化成果矩阵图(图4)。这些研究成果为各街道开展社区行动计划和行动蓝图提供了文化研究基础,并最终助力完成了区级行动蓝图和行动计划的制定。

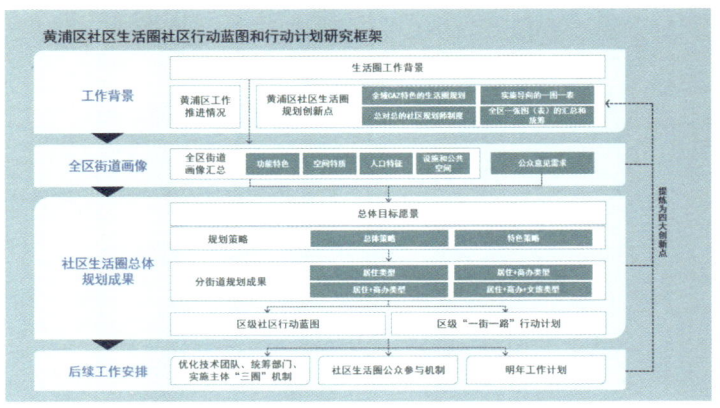

图2 黄浦区社区生活圈社区行动蓝图和行动计划研究框架

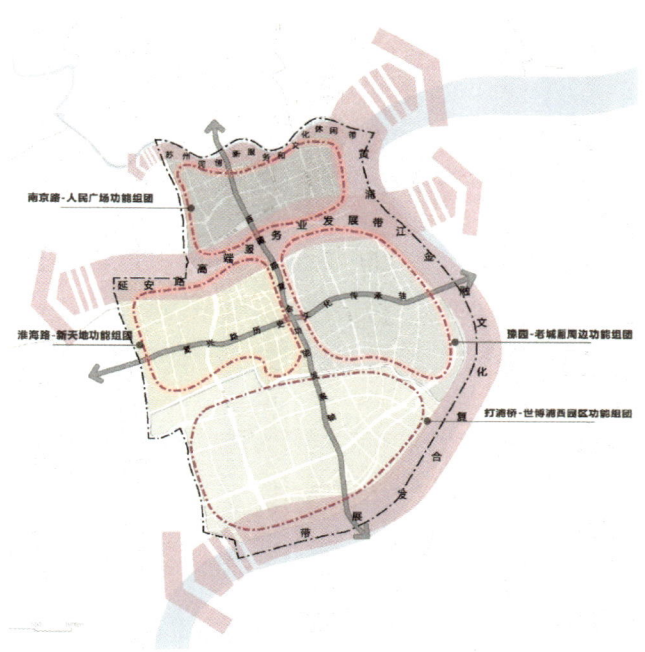

图3 黄浦区总体空间结构和四大功能组团（来源：《上海市黄浦区单元规划（2020—2035）》）

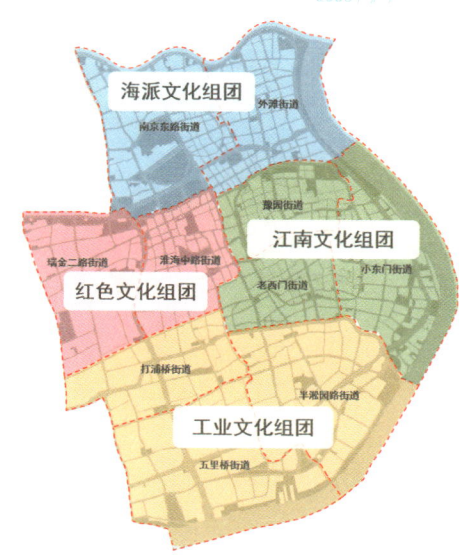

图4 黄浦区社区文化组团

三、"一街一路"项目落地助力精细化治理

社区规划师团队秉承专业视角,为区级重点行动"一街一路"的实施落地提供指导意见(图5)。在2023年推进的小东门街道、半淞园路街道、淮海中路街道和南京东路街道的"一街一路"项目中,社区规划师与基层治理主体紧密合作,共同推进设计的实施落地,积极探索多方沟通协调和吸引公众参与的工作方法。目前,全区的"一街一路"项目均已建成启用,并开展了相关项目实施验收。

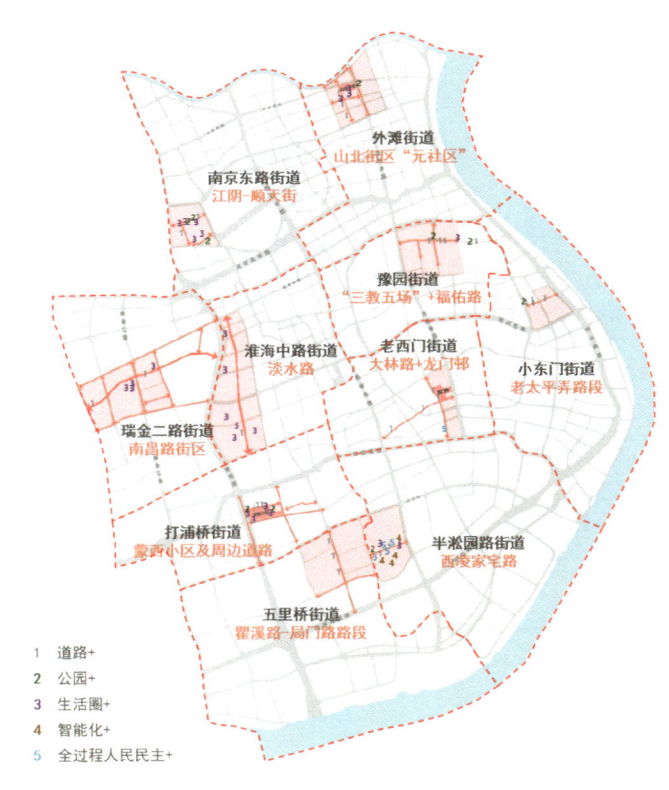

图5 2023年黄浦区"一街一路"重点任务

其中，华东院作为设计团队参与的半淞园路街道"一街一路"项目（图6），对西凌家宅路进行全面改造更新，作为2023年上海城市空间艺术季的一大亮点受到了广泛好评。社区规划师在设计中保留了西凌家宅路的烟火气，并赋予其时代新意。在这条深入居民生活区仅300米长的老街上，他们镶嵌了4个口袋花园作为居民的休憩娱乐新场所。此外，通过外立面粉刷和对商业界面杂乱无章的空调外机的有序整合，西凌家宅路独具特色的骑楼建筑风格得以被更好地展现出来。

图6 半淞园路街道"一街一路"——西凌家宅路改造更新
刘文毅摄

西凌家宅路更新改造能够实现蓝图的完美落地，在于多元主体间频繁的沟通和配合。项目形成以街道、绿容局、市政局等为建设主体，社区规划师、项目设计团队、园林景观设计团队、市政院，以及社会组织、在地企业等多方共同推进的行动框架。从前期策划、概念方案设计，到各专业汇总方案深化、施工图设计、现场实施配合及品质控制阶段，每一个环节都实现了稳步推进。

四、多元主体协同构建共建共治共享格局

社区生活圈是一项综合区域规划、空间设计、城市治理等多领域的复杂概念，其实践工作对具有可实施性的操作策略和具体方法提出了更高的要求，需要多层级、多领域、多视角的多元主体协同推动。

在黄浦区的社区生活圈推进工作中，区规划资源局、精细化办、地区办牵头做好顶层设计，明确主体责任；同时，各街道和其他基

层工作者则作为基层治理的"最后一棒",负责项目的落地和实施。

社区规划师也在带动多元主体参与的过程中起到了重要作用。例如,为解决南外滩白领们通勤"最后一公里"难题,小东门街道的社区规划师和基层政府就"南外滩金融直通车"项目开展了多次宣讲、座谈会工作,成功吸引了在地企业的关注和支持。之后,金融直通车顺利发车,开通了3辆公交巴士环线,连接小南门地铁站并直达"金融不夜城"各大楼宇。

此外,社区规划师通过问卷、实地考察、访谈、座谈等方式,在全区所有街道面向公众开展了"问需求计"调研行动(图7)。之后,通过分析问题短板和总结居民主要需求,聚焦于便民服务类设施、适老适幼类设施的增加,以及采纳居住环境和改善公共空间等公众意见。

同时,社区规划师活用参与式方法,积极落实全过程参与式规划。2024年开春之际,由社区规划师策划并联合基层政府、辖区企业开展的"南外滩金融社区开放周·新年开门市集"活动,在小东门街道的三个特色公共服务空间顺利开展(图8)。此次活动通过参与式规划和开放式调研的互动方式吸引了公众,特别是白领人群的参与,一起为金融社区生活圈"问需求计",而这些收集到的公众意见被整理并有效融入到社区生活圈规划的蓝图中。

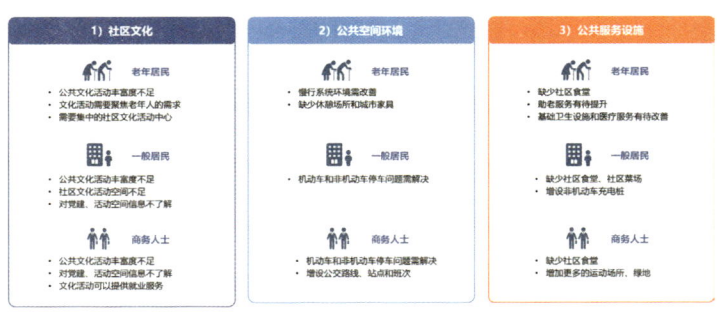

图7 黄浦区"问需求计"行动公众意见分析

五、结语

在黄浦区社区生活圈规划工作迎来新的一年之际,社区规划师团队已完成了针对10个街道的2024年度社区行动蓝图和行动计划,这其中不仅包括对上一年度的社区生活圈规划工作进行了后评估,还制定了动态更新方案(图9)。

面向未来更多样包容的社区生活愿景,华东院将继续通过社区生活圈的营造来完善和创新市民的日常生活,助力建成一批极具黄浦区特色和魅力的示范区域,奋力谱写新时代"缤纷高大上、浓郁烟火气"的黄浦篇章。

图8 小东门街道"由外滩会讲社区开放圈"活动现场 王坤/摄

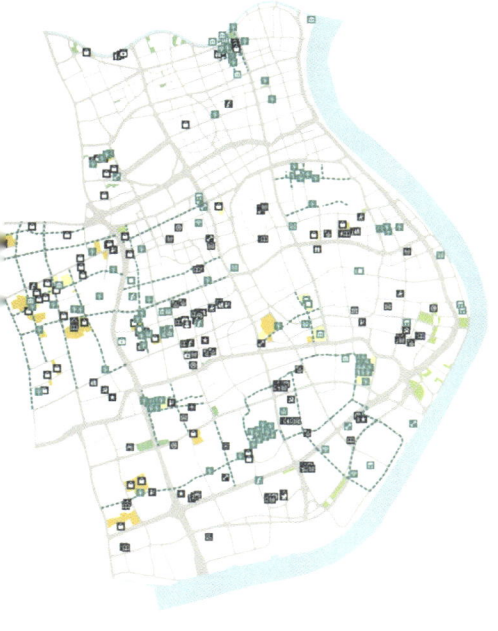

图9 2025年度黄浦区社区行动蓝图工作

景德镇陶溪川文创产业园保护更新

张杰

2023年度特别案例·城市更新高质量发展榜样

> "项目秉承文化保护传承与高质量发展的理念,创造性地为园区建立了集物理空间、城市功能、社会人群、产业经济于一体的整体城市设计框架。该框架开放性地吸纳多元主体参与设计,同时与园区同频共振,实现了老旧厂房保护与精细化绿色更新,成功将历史文化记忆融入当代城市生活。项目使景德镇再次成为世界陶瓷艺术行业的焦点,是国内老旧厂区城市更新的创举。"
>
> ——中国工程院院士 崔愷

一、整体设计思考:工业遗产保护利用引领城市更新

景德镇是我国首批国家历史文化名城,更是享誉世界的千年瓷都。《浮梁县志》记载,"新平冶陶,始于汉世"。自五代时期陶瓷村市的兴起,至宋代高岭土的发现和应用,景德镇的影响力迅速攀升。元代设立浮梁瓷局,明清时期形成了御窑厂和官搭民烧的冶陶体系,构筑起布局完善的陶瓷手工业城市,涵盖原料运输、坯房、窑工民居和商铺贸易等功能。巅峰时期,陶阳十三里长街、108条里弄,匠人多达10余万人。中华人民共和国成立后,经过公私合营,景德镇集中建设了以"十大瓷厂"为代表的现代陶瓷业体系,推动了产业升级和城市的东扩。

直至20世纪80年代,景德镇仍完整保留着官窑与民窑相伴而生的典型城市格局和丰富历史遗存。但90年代的国企改革改变了这种格局。"十大瓷厂"纷纷破产倒闭,工厂逐渐空置破败(图1),随后而来的无序开发和大拆大建使老城、老工业区面临着前所未有的压力。与此同时,工厂办社会时期形成的生产和生活服务网络破裂,数万本地瓷工和外来"景漂"群体陷入生存的困境。

图1 2012年中青瓷厂老旧厂区空间破败的状况 张杰 摄

景德镇面临的问题很复杂，不是一座老厂房、一家工厂或一条老街巷的更新可以解决的。它需要一个系统性的整体方案，一个能综合解决遗产保护、环境提升、产业升级等问题，增加就业、普惠民生、实现转型发展的方案。

正是在这样的背景下，自2012年起，由张杰教授领衔的清华城市更新联合团队与景德镇地方政府和陶文旅集团，开启了这期十几年的密切合作。他们完成了一系列工程：市域层面的"景德镇瓷业文化遗产保护总体规划""景德镇市城市修补专项规划（含老城保护更新规划、老旧厂房保护利用规划等）、总体城市设计、中心城区风貌控制规划和城市绿地系统修复规划""景德镇陶瓷文化科技产业园概念性规划"（图2）；城区层面的历史城区、河东老城、河西老城的"控制性详细规划""老城重点地区城市设计"，以及若干"历史文化街区保护规划"；在片区和建筑层面更是完成了陶溪川、陶阳里、艺术瓷厂、"两红一光"与刘家弄等若干老旧街区和老旧厂区的整治与建筑更新设计（图3）。

这一系列工作不但从专业和管理方面解决了景德镇保护与发展的关键问题，还为景德镇搭建起一个多尺度、系统化的保护与更新框架。在这个框架下，国内外众多艺术家、主理人、建筑师参与其中，普利兹克奖得主、

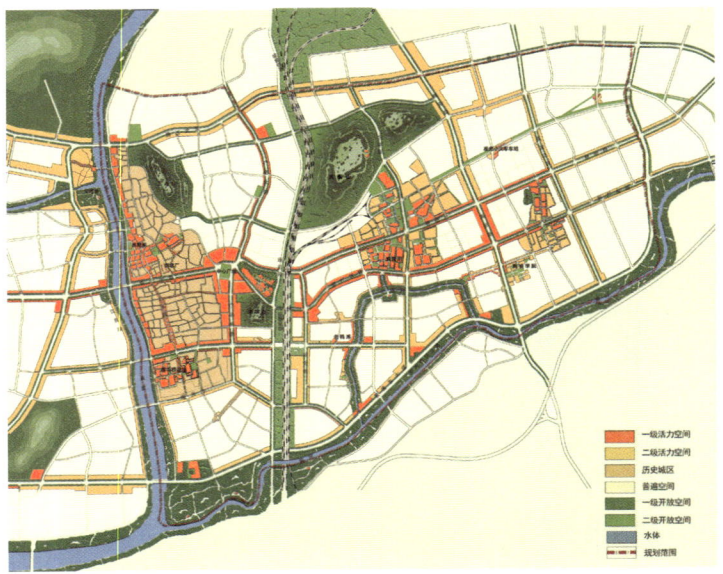

图2 陶瓷文化产业特色空间规划图

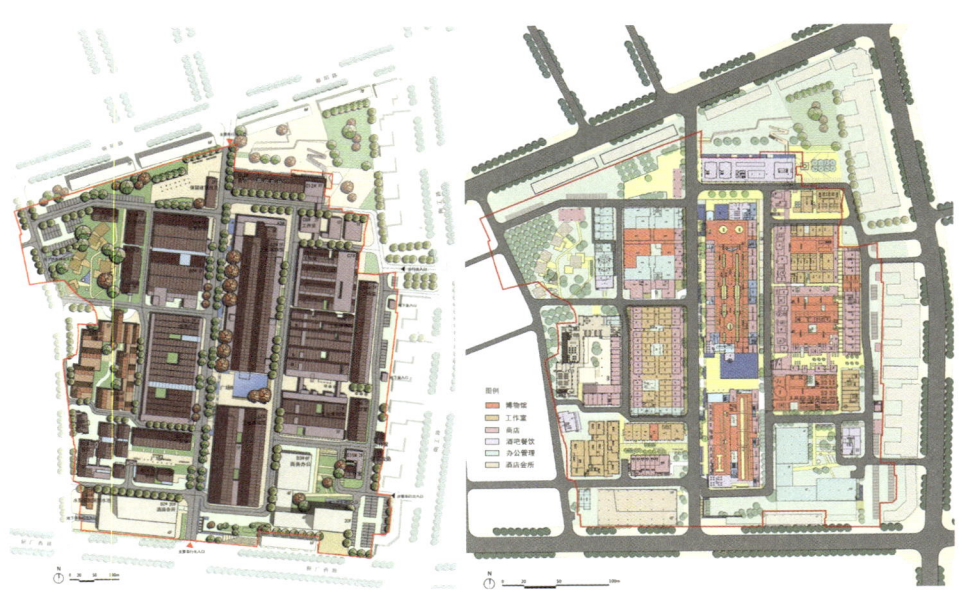

图3 陶文化一期厂区现状平面图（左）及改造规划总平面图（右）

院士、大师、青年艺术家和设计师们的智慧和创意在这里碰撞交融，真正实现了可持续的多元共建，探索出了一条以工业遗产保护利用引领城市更新的崭新路径。

陶溪川文创产业园是景德镇"老旧厂区"蜕变为"城市社区"的典型代表之一。通过十余年全过程的在地陪伴式设计与动态实施，以宇宙瓷厂、陶瓷机械厂（以下简称"陶机厂"）为主体的一期和二期陆续亮相。在这一先行示范区引领下，陶溪川陶瓷文化创意产业园正成为带动"景德镇国家陶瓷文化传承创新试验区"建设、促进城市复兴与高质量发展的引擎。

二、从老旧厂区到城市社区的重塑

从关注"景漂"开始

自 2012 年起，团队深入景德镇进行了大量实地探勘和调研工作，形成了三个基本判断：

一是关注到挣扎在理想和现实之间的"景漂"群体。景德镇拥有千年积淀的完整生产链条和陶瓷文化，在改革开放后催生了"景漂"群体，数量超过 2 万人。他们大多是有知识、有文化、有技能、有热情的年轻人，以陶瓷产品的创作和销售为生。然而，由于缺乏相应的场所和平台支撑，他们只能四散在城市的"犄角旮旯"，怀揣梦想、艰难地维持生计。不同于国营瓷厂的工人，当代"景漂"群体汇聚了来自港澳台及全国各院校的师生，还有东南亚和欧美等地区的艺术家，他们以陶瓷为媒介，构建起了一个集生产者、消费者、爱好者于一体的庞大社群，是名副其实的"当代城市人"。

二是提出"为生产者服务"的大胆构想。通过实地调研和对未来发展趋势的洞察，团队预测，在景德镇现代陶瓷产业逐步向河西及新区转移的背景下，河东老城将逐步转型为艺术陶瓷的创作中心，而"景漂"群体正是推动艺术陶瓷发展最为核心的基础。因此，陶溪川的整体设计从最初就确立了"为景漂而造""为生活而造"的宗旨，将原来的生产厂区重塑为让"景漂"能够宜业宜居的完整城市社区。这其中包括作为核心展陈和交流空间的陶瓷工业遗产博物馆和美术馆，为青年艺术家量身定制的创业孵化基地"邑空间"、玻璃工坊、共享办公等场所（图4）、集住宿、餐饮、健身、交流共享、直播发布等为一体的、安全舒适且低成本的"陶公寓"（图5）等。新业态、新人群的到来逐渐催生了新社区。2019年，陶溪川自发成立了"景漂协会"。围绕"景漂"社群，陶溪川还策划建设了音乐厅、酒店、学术交流等项目，真正转变为多功能的混合社区。

三是延续和创造景德镇当代的"大众文化"。景德镇自古便是"匠从八方来"，延续千年的陶瓷产业孕育了持续对外交流、吸纳、融合的包容性文化，使得景德镇也成为了能够兼容各类人群的舞台。陶溪川以延续和创造当代新的大众文化为使命，既为外来青年创业者提供了生产生活的理想居所，也为本地居民补足了城市公共空间和服务设施。近年来，陶溪川组织了一系列极富特色的活动：艺术集市、先锋艺术展览、陶瓷产品发布、马拉松、音乐演出、学术交流等。自发的街头表演、自媒体拍摄更是随处可见。随着数字经济的发展，陶溪川积极推动陶瓷直播，景德镇相关电商年交易额超70亿元，微博、小红书等社交媒体平台上，"陶溪川"话题浏览量累计5000万次。2024年清明小长假期间，景德镇占据了旅行消费目的地热度涨幅的榜首，同比上涨331%。陶溪川作为景德镇的文化品牌，已成为新时代下连接全球到地方、促进不同群体共享文化的新地标。

从"工厂"到"城市街区"

重组流线与空间结构：老旧工厂向城市的转变必须经历空间环境的适应性重组。为保护工业遗产的独特价值和风貌特色，设计首

图 4 闹机厂老旧厂房保护更新后成为艺术家工作站（左）、玻璃艺术改造工坊及剧场（右）（曹百强摄）

图 6 闹公城堂空间室内局部（上 曹百强摄，下 田方方摄）

先研究了原有生产工艺动线和厂区空间结构。基于现状地形和路网，优化了交通流线，强调了步行友好型的慢行系统的构建，并将封闭的厂区向城市开放。在保证原有建筑物安全性的前提下，充分利用地下空间增设车位，形成了地上地下一体化的空间组织体系。

控制容量与尺度：在延续原有风貌的基础上，设计适当增加了建筑密度，采用内嵌外补的方式增加了容积率，从而形成互动性强的紧凑型街区。通过建筑和景观设计，对厂区内较宽的建筑间距进行调整，形成更适于人行的尺度，使更新后的厂区能够聚人、留人、宜人（图6）。

增强核心空间的凝聚力：为改变原有工业厂区较为空旷的外部环境，总图方案采取了"大开大合"的策略，在园区内规划出四处核心公共空间，其中包括陶公寓北侧广场，作为信息发布与产品展示的公共集散空间；以及在陶瓷工业遗产博物馆南、北两侧，和翻砂美术馆与多功能宴会厅之间的三个广场。两个大型浅水池（图7）既是对场地原有溪流脉络的修复，有助于发挥"海绵城市"的生态功能，又是景德镇晒架塘传统的延续，可以调节微气候。两个水池通过映射周围的标志性建筑，成为极具

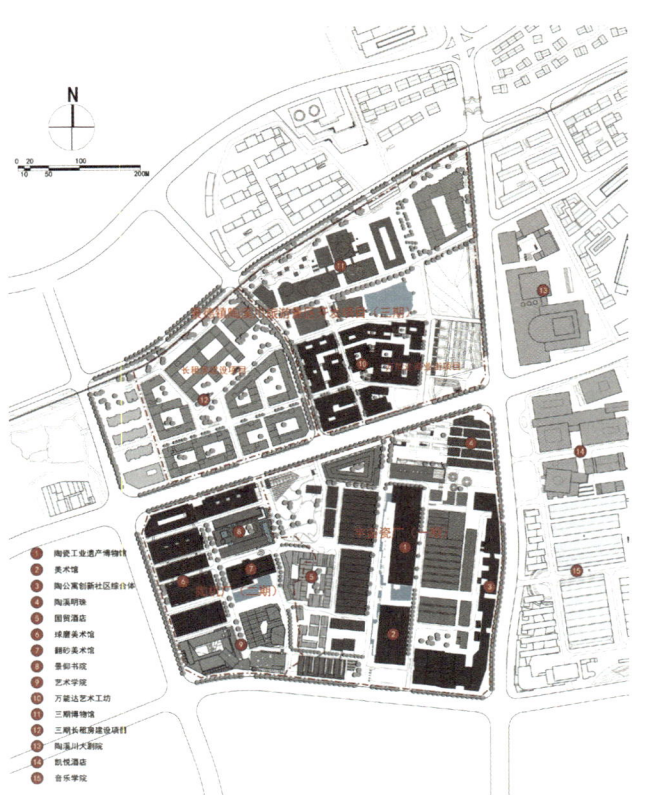

图7 陶溪川一期（左:玻力坊）和二期（右:田方芳窑）两个大型滤水池广场已成为凝聚人气的核心公共空间

特色的核心景观，聚拢了大量的休闲人流，也成为陶溪川的精神标志。

激发界面活力：原有厂房建筑因功能原因大多采用高大实墙，厂内的道路更是有"路"无"街"。为激发建筑外部界面的活力，丰富空间的层次与行走体验，设计在保留了不同时期、不同材料、不同结构类型建筑主要特征的基础上，尽可能为临街的墙面增加门窗洞口，提高界面的互动性（图8）。同时，在新旧可辨识的前提下，适应性植入了新的材料与空间体，以满足新的功能需求。为优化更新后的厂区与城市的关系，沿城市道路的建筑主要采取底层骑楼、顶层退台的形式，并通过新增通道来增加片区与城市的连通性。

三、文绿融合、新旧共生的保护与更新策略

场所记忆的保护传承

设计坚持"认识—尊重—保护—更新"的工作路径，基于综合价值特色评估，在保护历史信息和记忆的完整性、真实性的同时，在低碳更新的原则下，力求做到"应保尽保、因材施策"。

图9 宇宙瓷厂烧炼车间改造：通过对墙中封闭立面增加门窗洞口，支持商铺对外互动（上：设计图以前，下：改为后）

原有工业建筑的保护与更新设计：通过对其建成年代、材料与结构类型、内外空间特征、原生产功能、保存质量等的系统调查评估，设计保留了厂区原有工艺流程的全部主要建筑和构筑物，其中宇宙瓷厂、陶机厂共保留27栋，总面积近8万平方米，占整体地上建筑基底的63%。这些厂房外立面以红砖青瓦为主，结构形式多为混凝土排架，少量为早期木屋架。工程涉及的建筑修缮、改造及新建设计均要求外观与原有建筑风格相协调，并尽可能对废旧材料进行回收再利用。例如，宇宙瓷厂中南北纵向排列的两个烧炼车间，东西两侧立面长度各百余米，沿街更新为独立店铺后，以旧红、黄两种砖重新砌筑新立面；位于陶机厂场地中央的翻砂车间南侧保留了原有办公楼部分砖砌残墙；园区内的新建建筑也分别采用了色彩和质感与老建筑相协调的砖、木、钢等材料，部分采用清水混凝土。

原有结构和空间的适应性改造：针对保留建筑，设计上力求通过技术创新，保留其原真性，提升其适用性。以陶机厂为例，翻砂车间原木质屋架的安全性不足，设计在屋架节点处新增钢夹板以增加节点连接强度，同时在各榀木屋架间新增水平和垂直支撑系统以提升屋面刚度，延续外观特色的同时对屋架进行加固延寿。在装配车间内，设计将两个18米跨度的单层大厂房改造为全民健身馆，工程通过结构托换技术，拔掉了6根排架柱，将柱距由6米变为24米，形成两个24米宽、36米进深的空间；同时局部下沉一层，形成可容纳一个标准篮球场、两个训练场的大空间（图9）。

原有工业设备和景观的展现与提升：设计遵循以历史遗存为主线构筑叙事空间结构的原则，对厂区进行了系统的景观设计。宇宙瓷厂两座烧炼车间内分别保留了圆包窑、煤烧隧道窑、气烧隧道窑，代表了三个时代的生产工艺。设计将其作为"会说话的景观"保留在博物馆中，成为两馆内部空间的核心骨架。在外部环境中，原位保留了两个厂区的所有烟囱，迁移保留了部分设备和构筑物，将它们作为引导性景观要素，向公众展示历史信息（图10）。厂区内许多大树和特色植物也被保留下来，它们延续了场地的历史记忆，营造了宜人的户外氛围。

图9 陶机厂装配车间通过结构加固改造，更新为全民健身馆 田方方摄

图10 宇宙瓷厂运坯车间保留了原隧道窑（左 骆方摄），烧机厂球磨车间保留了原工业设备（右 田方方摄），成为博物馆、美术馆的特色展示场景

绿色低碳的更新设计

基于隐含碳的留改拆策略：整个更新工程秉承最大限度利用原有建筑和建材的原则。团队构建了陶溪川园区原有工业建筑的隐含碳数据库，精细到柱、梁、板、墙面等各部件，据此综合评估并制定留、改、拆的建筑设计策略。在此基础上，我们积极探索原有结构、墙体、构件、材料等再利用的设计方法（图11），在工程中尽量采用低碳环保的新材料，并在设计上确保新旧清晰可读，通过对比、协调等手法，使新旧建筑在形式、色彩、材料、质感等方面形成"和而不同"的整体效果。

例如，宇宙瓷厂陶瓷工业遗产博物馆原为以砖木材料为主的排架结构单层工业厂房，经过对其文化价值特色、更新功能定位和建筑隐含碳综合评估后，设计将厂房的结构体系、外立面、室内外构筑物基本全部予以保留。仅其370延米外立面的旧砖就高达1000余吨，通过充分再利用，相当于减少了约1200吨新生产建材的碳排放量。在陶机厂片区内，设计保留再利用的建筑面积达到地上总面积的40%，全生命周期减碳比例达到6.34%，去除运行阶段后的减碳比达到24%。

海绵城市的韧性提升：陶机厂由于地势低于周边市政道路，雨涝问题突出。景观设计结合原有地形，建立了覆盖雨水"收—储—用—排"全过程的海绵体系，与工业景观极为融合。通过调整外围市政大小排水设施及优化景观排水坡度，实现了错峰排水。在厂区内部，设计采用透水性地面铺装与沿路两侧下凹式绿地等相结合的方式，有效收集雨水并控制地表径流。同时，结合集中的大型水景设计，设置蓄水池、清水池及雨水净化设施，回收水景循环流动的溢流及部分场地雨水，净化后再次用于水景补给。

动态分期实施的持续生长

从工业厂区到城市社区，陶溪川的保护与更新不是偶然形成的，也不是一天完成的。

触媒点筛选：自2012年团队进入景德镇以来，首先完成了对河东老城25平方千米范围内工业遗产文化价值和可再利用性状的全面调查，搭建了"遗产资源稀缺性和吸引力"与"遗产资源与人群活动的结合度"双因子评价体系，提取关键型、潜力型、可变型三类资源，建立了叠合文化、经济、绿色、区位、人群等多重属性的、

图11　宇宙瓷厂艺术墙外立面充分衍利用废弃瓷砖（左：张杰摄，右：欧力摄）

资源与城市发展相适配的特色空间体系。随后,在此基础上,根据遗产资源富集程度、片区管控条件、土地和区位条件、地块产权条件、空间改造难度以及实际资本化地租与潜在地租之间的"租差"情况等因素,筛选出最有潜力能够自我"引爆"且带动周边"链式反应"的触媒点。大陶溪川片区聚集了陶机厂、宇宙瓷厂、为民瓷厂、万能达瓷厂四大厂区,拥有60多处文化特色价值突出的既有工业建筑,资源富集且地理位置优越,被列入触媒点之一。

"从无到有":聚焦大陶溪川片区内部,宇宙瓷厂因其位居核心、地块规模适中、产权清晰、建筑特色突出等因素,被锁定为项目一期。彼时,该区域在人群构成、功能布局及未来空间环境等方面均亟需整体谋划。团队采用"场景—内容"交叉并进的策略,深入调研"景漂"及关联人群的特征,创新提出了以生产者为核心、围绕其"生产—生活—交流—交往—交易"全方位需求的功能布局系统。与此同时,在重塑社区与场景的过程中,团队也进行了大胆尝试,如旧窑砖的再利用、新旧材料和空间的并置、将窑炉和烟囱等工艺设施作为景观吸引物等,这些今天看来已颇为成熟的保护与更新设计手法,在当时都是极具挑战的探索。

补足与生长:自2016年10月陶溪川开业运营以来,迅速吸引了大量青年陶瓷艺术家入驻。为确保这一群体的基本生活的可持续性,陶公寓应运而生,恰逢住建部提出做好保障性租赁住房建设工作之际。陶公寓有300余间价格实惠的客房和750多张床位,集食堂、洗衣、公共活动、健身、零售、直播发布等多种功能于一体,为"景漂"解决了后顾之忧。

随着项目一期带来陶瓷文化艺术产业的集聚和蓬勃发展,当地"发酵"出了新的艺术产业需求。玻璃艺术和陶瓷艺术在创作技艺上有共通性,都是采用高温窑炉制作的"火的艺术",因此人群与空间需求重合度高。团队与业主经过详细调研后,决定将玻璃、雕塑、

图 12 保护更新后的陶溪川园区一期、二期整体鸟瞰 田方方摄

木工、绘画等多种手工艺业态作为二期发展的方向，旨在形成与一期既有差异、又相辅相成的多元艺术产业生态和社群环境。

二期整体延续了一期奠定的"陶溪川风貌"，更加注重根据原有建筑特色进行差异化、个性化的发挥，以适配不同媒介的艺术工坊、展厅、休闲运动、酒店、餐饮和艺术教育等复合空间。由此，陶溪川一期二期共同升级成了复合艺术的创新平台，为顶级艺术家、艺术从业者、青年创客和学生提供量身定制的扶持计划，以吸引国内外艺术学院的艺术家和学生来这里创作和交流，并通过创新运营实现自我造血、持续生长（图 12）。

本项目设计的落成得益于业主景德镇陶文旅集团的大力支持，以及由北京清华同衡规划设计研究院有限公司、北京华清安地建筑设计有限公司、北京水木青文化传播有限公司等组成的规划设计、建筑景观设计、运营咨询和科研联合团队持续 10 余年的共同努力。在此特向刘子力、刘岩、魏炜嘉、胡建新、张冰冰、李婷、李旻华等主要成员致谢。

上海张园

"项目充分考虑新时代海派文化传承发展，兼顾地区历史风貌的保护及保护建筑的活化利用，同时关心更新后的功能调整，强调公共性、开放性和多元性，通过高度复合的业态规划，融合城市商务休闲功能、消费功能、文化功能；在综合考虑历史风貌、文化传承、高端业态布局的基础上，借助景观及功能设计的精准定位，形成高品质的商业文化业态布局，将城市更新与产业植入相结合，使文化内容融入上海石库门建筑群，提升城市活力，实现可持续高质量发展，让属于上海的海派记忆得以传承延续，并形成了独特响亮的文化品牌。"

——中国科学院院士 郑时龄

2023年度特别案例·城市更新高质量发展榜样

随着全球历史、生态、文化环境的变迁，越来越多的人口移居城市。对于有着悠久历史和丰富文化遗产的城市来说，这种高流动性的人口对其文化环境、建筑景观、生活方式等方面都产生了巨大影响。城市遗产，无论是物质还是非物质，都是我们城市的基石，它们不仅是社会凝聚力的源泉，也是多样性的体现，更是激发创造力、创新力以及推动城市更新的重要力量。张园，作为上海规模最大、保存最完整、建筑形式最丰富的石库门历史建筑群，以"保护为先、文化为魂、以人为本"的理念，修旧如旧，保留建筑原始风貌，同时融入现代创新，打造出集食、游、购、娱等功能于一体的高端文商旅综合体，展现"上海购物""上海文化"的独特魅力，成为中心城区的新标杆和上海发展的新亮点。

一、项目背景

张园，地处南京西路历史文化风貌区，东至石门一路，南至威海路，西至茂名北路，北至吴江路。1882年，无锡籍富商张叔和购地后建花园，命名为"张氏味莼园"，后经历改建，成为晚清著名公共花园，

图 1 张园西区新貌，2023

公共花园，被誉为"海上第一名园"。据工部局记载，1918年，租界当局将张园土地分割成28块出售；1919年起，张园地块逐步建造里弄住宅及花园住宅，经过沧桑变迁，最终形成高质量石库门里弄住宅建筑集群。

2018年9月30日，静安区启动了张园地块保护性征收，征收遵循"留改拆"的城市更新理念，采用"征而不拆、人走房留"的方式。2020年11月23日，张园项目完成居民1125证、单位42证的全部征收工作。2022年，根据上海市委、市政府工作部署，张园西区正式揭幕。西区商业规划对标最高标准、最佳实践，引入国际顶尖品牌，并注重"首店""首秀""首发"的带动效应。

作为历史风貌保护和城市有机更新结合的探索实践，张园地区的保护性综合改造以保护与传承上海传统石库门里弄风貌为核心目标，致力于通过活化利用历史建筑，提升区域经济能级，完善区域交通规划，适度开发既有建筑地下空间，旨在打造集历史文化底蕴和强沉浸式体验于一体的上海城市更新最高品质案例。

二、定位与设计创新

在新时代背景下，如何依托城市更新项目带动区域的产业发展与集聚，发挥项目本身的地理位置优势与历史建筑资源优势，成为区域内城市更新的典范和创新引擎，是置业集团一直在思考与谋划的课题。

保护与更新结合 需求与方式创新

在静安区政府的鼎力支持下，置业集团综合考虑历史风貌、文化传承、高端业态布局的需求，通过景观及功能设计定位，形成高品质、融合商业和文化的业态布局。同时，针对地上、地下空间一体化开发的需求，集团在张园风貌保护区域探索地下轨交贯通实施方案，以期在区域空间贯通后，实现街区整体格局的大幅度提升。

图2 张园西部鸟瞰，2023

上海的历史建筑是城市的宝贵遗产和人民的共同记忆。根据静安区委区政府的要求，置业集团把"建筑可阅读、街区可漫步"的思路贯穿到张园项目的规划和建设之中，以满足城市由扩张型转向内涵式发展的需求，紧扣产业升级和消费结构升级，再造城市空间，同时充分考虑民生功能、公共服务的留存拓展。未来，张园将基于"海上第一名园"的历史底蕴，以"东静西闹、沉浸无界"为核心理念框架，利用街区的天然优势，实施多元混合、立体纵贯的综合性规划。本项目是全新发展方式下的重要锚点，也是保护与更新结合、城市建设赋能商业功能提升的重要创新实践。

征集国际方案 统筹开发规划

为了保护好珍贵的历史文物，改善区域内群众生活水平，本项目作为全市旧区改造、城市更新征收保护工作的标杆，实行最为严格的"技防+人防"看护措施。2019年6月，对标国际最高标准，启动了张园城市更新方案征集，遴选出英国大卫·奇普菲尔德建筑师事务所、日本隈研吾建筑都市设计事务所、上海明悦建筑设计事务所、如恩设计研究室这4家知名公司，以及华润和太古2家地产公司设计团队参与张园方案，形成的国际方案经过国内外知名专家、学者审核，获得了高度评价。置业集团根据国际方案征集结果，制定了张园地区统筹开发规划实施方案。在此基础上，建立了规范统一的保护资料档案，为后续历史建筑设计工作提供指导依据。在深化方案设计、推进项目建设的同时，置业集团坚持招商工作提前介入、同步推进。2020年经过比选，确认太古为商管合作伙伴，并通过"福布斯·静安南京西路论坛"、城博会、进博会等平台开展针对性的品牌招商推广。在完成前期规划设计方案研究工作后，项目按照开发时序统筹推进。2022年，张园西区正式开业。预计至2026年，张园将完成全部片区的建设并投入运营。

三、建设与改造创新

保护风貌 改善民生

项目建立了专业的团队，对每幢现存历史建筑进行了详尽的建档工作，包括原始设计、历史沿革、构建存续情况和完整性评估等，形成了"一幢一档"的管理模式。这一模式，既对现状予以固化，同时也为后续的保护、修缮和活化利用提供了坚实的基础。同时，项目采用先进的技术手段，如电子报警和各种感应器，对建筑进行 24 小时不间断的监控。这些感应器能够实时监测温度、烟雾、震动和沉降等关键指标，一旦出现异常情况，园区能够立即做出响应。此外，还投入大量人力资源，进行 24 小时不间断的巡视和入户检测工作，通过一系列的严密防护措施，成功确保了张园历史建筑在建设、修缮和运营全周期内的安全与完好。这样的保护性征收政策，不仅提升了居民的生活品质，还保留了历史街区的独特魅力。通过综合修缮和民生改善，为张园注入了新的活力，这片古老而繁华的区域焕发出新的光彩。

空间增量 功能提升

基于地面建筑无法扩容的现状，该区域被定义为一个文商旅融合的街区。未来，在保留居住功能的基础上，还需要新增商业、办公和文化功能。尽管张园原为居住区，其动线和空间主要是按照居住需求来设计的，但仍然需要探索满足这些新增功能的方式，以完善张园的辅助配套设施。面对地面空间限制，项目的解决方案是向地下发展。在西区，为保护建筑免受结构性破坏，保留了大量的优秀历史建筑及空间。在东区，则通过稳妥有序的加固、平移和顶升等措施（非简单直线平移，采用多样化、精细化手段），结合空间腾挪与地下开挖进行了改造，既能确保这些建筑在改造过程中不受损害，又为地下空间开发创造了条件。目前，该项目正在采用这种创新的施工方法，即在第一层开挖结束后立即恢复顶板，然后将历史建筑恢复至原址，此举实现了地上和地下工程的同步推进。

公共开放 互联互通

经过三年的配套建设,张园形成了西区商业、东区部分居住与办公,以及一家小型精品酒店的综合布局。同时,在南面和北面还预留了两块空地,规划未来在南面建设一个演艺中心(小型剧场),在北面建设一个小型美术馆,进一步丰富文化内涵。地面建设完成后,地下建筑(负一、负二层)与地面建筑紧密联动,为酒店和住宅提供地下配套,实现上下空间的垂直对齐。在张园的整个开发过程中,始终强调公共开放和互联互通理念,例如石门一路正在建设的华润中心、威海路石门一路转角的阿丽拉酒店的改造,以及旺旺大厦,这些都将与张园的地面和地下相连通,为今后在街区活动的人群提供最大程度的交通保障。

四、模式与运营创新

打造"安垲第·张园海派文化交流中心"

张园作为上海海派文化与江南文化的符号,拥有超过百年的历史。从张家花园的初建,到20世纪20—30年代建筑的辉煌,这片街区历经沧桑,见证了人类生活、工作、商业等多方面的变迁,共同孕育了海派文化"和而不同"的独特精神。张园的文化独特性和深厚底蕴,是其区别于其他项目的显著特征。尽管百年前的地标性建筑"安垲第"已不复存在,但张园在百年焕新时期打造了"安垲第·张园海派文化交流中心"。通过对八号楼进行保护性修复,不仅重现了昔日的光彩,还赋予了其全新的文化使命,为公众提供了一个焕发新生的公共文化服务与展示空间——"安垲第·张园海派文化交流中心",旨在成为全球海派文化交流互鉴的新高地。

张园通过城市更新打造文商旅融合综合体,探索海派"美学经济"新模式,旨在向世界全景性地展示海派精神气韵。以"城市文化元

图3 张园西区局部街景，2022

空间"为核心理念，张园实现了对历史景观的保护性利用，结合建筑保护、功能更新，并通过教育、旅游和展览等项目，为城市带来了巨大的经济和社会效益，进一步构建了真实展示历史、渲染文化魅力、愉悦市民身心、强化对外交流的"城市会客厅"。"安垲第·张园海派文化交流中心"分为上下两层，布置了"张园图绘""张园荣誉""张园传奇"三个展区，分别从不同角度展示了张园的历史、当代和未来。

首创"文化合伙人"机制

为了让更多人了解并参与到海派文化的传承中来，张园首创"文化合伙人"机制，组建了文化专家智库和文化开发者联盟，邀请文化学者、研究机构以及张园老居民持续讲述张园老故事和新故事。2023年，张园与上海东方报业、上海博物馆签约"文化合伙人"战略合作协议，并联合澎湃新闻举办了第三届"澎湃城市更新大会"、首届城市更新文化月，荣获首个澎湃城市更新示范区的称号。此次大会得到了政府相关部门、行业协会、行业专家、企业的广泛参与和支持，进一步彰显张园作为大会永久会址的重要地位。

学术研究方面，"百年张园"系列的第一部著作《海上名园——张园与海派文化》于2023年底由上海交通大学出版社出版。该书以"城市文化元空间"理论为框架，深入挖掘了张园作为海派文化代表的历史内涵，梳理了其从私家花园到城市社交花园的演变过程，以及其石库门建筑艺术的发展历程。同时，该书还详细记录了张园在中华人民共和国成立后的人文历史故事，并展望了新时代张园在城市更新和海派文化传承中的特殊价值。此外，通过举办"心阅张园读书会",采用人物访谈、读书分享等形式,让更多人走进张园、了解静安、感受海派文化的魅力。

为弘扬海派时尚文化,张园策划了"张园时尚文化周"和"上海时尚文化节"。联合时尚媒体WWD,将"张园时尚"打造为彰显海派文化的标志性节庆活动,与时尚产业、行业媒体、时尚品牌、文化智库紧密合作,实现了海派时尚的东西合璧、与世界接轨。

图4 张园时尚文化周

同时,张园致力于共建海派文化公益社区,联动文化智库、文化机构、市区级公益组织等,以公益形式推进海派文化的国际交流,开展海派文化公益行。

此外,张园持续推出并升级"安垲第LAB"系列文创产品,并通过商业化常态运营和知识产权化实现经济收益,同时使品牌增值。张园作为热门影视作品《繁花》的开机仪式举办地及取景地,成功令海派文化出圈。未来,张园还计划与剧组合作,一方面,将热点话题和大家关注的海派文化精神留存下来;另一方面,利用真实的场景和氛围,让观众沉浸式地感受那份独特的韵味。

进驻高端品牌

在内部空间的活化力度和品牌选择上,张园非常慎重,并没有盲目追求奢侈品牌或单一的高端定位,而是力求在众多优秀选项中挑选最合适的合作伙伴。这样的选择标准既考虑到商圈的整体定位,还注重文化的融合。在运营过程中,张园始终注重空间的特色和文化的积淀，希望每个品牌都能在特定的空间中找到属于自己的展示方式，同时也能够体现出张园的历史底蕴和文化特色。目前，张园西区沿泰兴路区域以顶奢品牌新业态为主，路易酩轩、历峰、开云三大奢侈品集团旗下的品牌已落位张园；沿茂名路区域则主要以艺术、顶奢、高定及潮牌为方向。通过将体验式、引领性的时尚消费导入海派文化主题，张园历史风貌保护区被赋予了全新的商业功能和业态，致力于打造中心城区最具影响力和美誉度的商圈商街。

关于品牌入驻后的管理，张园充分理解并尊重各品牌的特定接待需求与活动安排，可能会对场地出入作出一定限制。但张园会积极协调，确保公共区域仍然保持开放。对于品牌单独租赁的区域，张园在尊重其商业决策的同时，鼓励在非特定时段能够对外开放。这不仅有助于提升街区的活力，对于品牌推广和影响力的传播也具有积极意义。通过不断的努力和创新，张园正逐步成为一个充满活力和魅力的开放式社区。

五、结语

百年前，张园是上海的三大园林之一，与"徐园""愚园"齐名，聚集过无数文人雅士、各界名流，见证了孙中山、黄兴、章太炎、蔡元培等名人在此发表的重要演讲。百年后，通过城市更新的实践创新，古老的建筑焕发新生。在建设方的创新定位、设计方的有效保护以及运营方的悉心维护下，张园实现了传承和延展，以"海派文化传承"为根，以"守正创新发展"为叶，重新向社会回馈当代价值，体现了在城市更新中实行连片式整体保护开发的优势。对标国际、放眼未来、心系社会，这是历史的巧合，也是这块土地的精神和文脉的百年传承。

在上海市静安区委宣传部指导下，硕风文旅集团策划了《海上名园——张园与海派文化》一书，获得了海派文化学者和合作伙伴的支持。该书系统阐述"城市文化元空间"理念，强调文化复兴和价值实现在城市更新中的重要性。硕风文旅作为张园文化发展的战略伙伴和执行单位，全程参与文化规划和建设，策划更新文化主题展、编撰相关丛书、打造茂名北路文化艺术商业步行街、实施海派文创体系开发、运营安垲第·张园海派文化交流中心等，为张园文化发展提供了全方位的支持。

城市文化元空间理论为张园的海派文化传承发展提供了有力指导。通过挖掘、建构、展示和应用城市文化元空间的核心价值，张园不断积累城市更新高质量发展的经验，将为更多城市更新项目提供借鉴和启示。

雷士德工学院旧址修缮焕新

程军 张婕 宿新宝 陈之怡

> "既有建筑的价值,不仅仅在于其形态和空间蕴含的历史与建筑艺术价值,也在于经历了悠远的历史进程后,依然能够通过精心的呵护,极具活力地融入当下的城市环境与生活状态之中。像当年立志以科学报国的 Lester boy 那样,这里又将走出一批批充满创新理想的新时代弄潮儿。"
>
> ——全国工程勘察设计大师 汪孝安

> "上海创新创意设计研究院项目以'创新引领'为核心理念,在产业规划、功能定位、空间打造、内容运营、协同机制等多个关键领域均取得卓越成就,成功实现历史与未来的巧妙融合,为城市建设和产业发展注入双重动力。这一充满创意的实践经验为城市更新领域提供了创新思路与范本,值得广泛借鉴。"
>
> ——同济大学副校长、瑞典皇家工程科学院院士 娄永琪

2023年度特别案例·城市更新高质量发展榜样

在我国城镇化率突破60%、进入城市发展新阶段的当下,城市更新行动成为转变城市发展模式、驱动新质生产力的重要抓手。雷士德工学院旧址这一优秀历史建筑的修缮利用实践,不仅涉及建筑本体和周边城市空间的修缮与提升,也包含功能优化、产业入驻和生态营造等方面的综合运营,同时在区域规划、参与机制、设计赋能与运营实践等方面呈现出创新理念。该项目将一座优秀历史建筑蝶变为创新转化引擎,其综合表现屡获业界认可,获得了上海市建设工程白玉兰奖、第四届上海市建筑遗产保护利用示范项目、英国皇家特许测量师学会RICS年度城市更新优秀奖、2023澎湃城市更新大会年度特别案例等多项殊荣。本文以项目实践为例,深入剖析其从规划设计到常态运营的全链路创新举措及机制要点,希望为我国城市更新实践提供参考和启示。

一、项目背景

图1 结合哥特复兴和装饰艺术派风格的雷士德工学院建成初期
上海图书馆馆藏历史照片

图2 "雷士楼"修缮后外景 SFAP 摄

雷士德工学院旧址（下称"项目"）位于虹口区东长治路505号，遵循亨利·雷士德爵士的遗嘱，由雷士德基金会出资创办。学校设计、建造于1934年，设置建筑、土木工程、机械、电气工程等课程，一经建成便成为近代上海著名的工科类高等学府。该校于1945年结束了办学生涯，其旧址先后为上海航务学院和上海海员医院使用。1994年，雷士德工学院旧址被正式列为上海市第二批优秀历史建筑（保护类别为三类）。

2021年，随着北外滩区域功能的全面提升，雷士德工学院旧址历史建筑修缮工程启动。经上海北外滩（集团）有限公司（建设单位，以下简称北外滩集团）、上海创新创意设计研究院（拟运营单位，以下简称研究院）、华建集团华东建筑设计研究院有限公司（设计单位，以下简称华东院）、上海建工一建集团（施工单位）和各相关部门的协同努力，修缮工程历时一年，历史建筑得以焕发新生。2023年初，根据虹口区委、区政府工作要求，由北外滩集团委托研究院运营该项目。研究院随即入驻，并注入"创新驱动、产业孵化、品牌打造、人才培养、国际传播、科学普及"六大功能。经一年常态运营，项目初步构建起一个世界级设计创新生态系统。

作为位于城市核心区、体量精巧的城市更新实践，本项目从空间规划、内容导入、建设施工到落地运营均彰显了创新理念与实践，以高质量创新服务推动经济与产业高质量发展，成为了城市更新领域的优秀案例。

二、定位与模式创新

北外滩是城市更新的代表区域，根据其新一轮控制性详细规划，计划在 2030 年基本建成。雷士德工学院，这一昔日知名的工程类学院，在新时代的浪潮中，如何以城市更新项目带动区域的产业发展，形成产业集聚效应，同时利用项目本身的地理位置优势与历史建筑资源，以创新做法成为区域内城市更新典范和创新引擎，是北外滩集团一直在思考与谋划的课题。

规划与产业融合 功能与定位创新

北外滩集团联合相关机构，针对项目一期（主楼）的功能定位、与二期（北楼与新楼）的协同关系，对原址地块与东侧综合体地块的联动方式进行了细致全面的思考与探索。为响应助力上海建设成为世界一流设计之都的战略目标，落实市委、市政府将北外滩打造成设计创新型国际化大都市城市样板间的定位，以及将项目建设成为北外滩未来发展新引擎、中国式现代化重要展示窗口的要求，虹口区委、区政府将项目所在的 67 街坊更新改造规划为设计创新产业集聚地，未来将全面引入设计及科创相关产业，致力于成为上海乃至长三角地区具有示范效应和品牌影响力的创新创意产业"核爆点"，打造出与现代服务业相关的新产业优势。本项目是全新功能定位中最重要的锚点，也是打造规划与产业集聚结合、以城市更新建设赋能产业能级提升的重要创新实践。

图 3 北外滩控制性详细规划效果图 虹口区规划资源局提供

多元主体参与 合作推进创新

  本项目作为创新创意产业"核爆点",其顺应时代的功能定位与修缮更新工作需要全新的多元合作模式才能顺利推进。北外滩集团以科研办公及活动集聚作为该楼宇的基础功能,联合未来运营的潜在合作方——研究院以及设计单位华东院一起,共同面对挑战。在满足历史建筑修缮的高要求以及运营高灵活度的基础之上,项目伊始就将功能定位的空间需求与运营要求深度融合,贯穿于空间和流线设置、设备设施改造、标识设计创新、历史特色保留等各个环节。从设计到施工阶段,团队持续探讨并不断进行动态调整,有效避免了一般情况下建筑保护与功能需求上的矛盾,以及建成后二次调整的重复工作。此外,在项目实施推进的过程中,北外滩集团也将负责整体规划落地的区域品控顾问纳入团队之中,利用其丰富的项目管理和施工落地经验,有效统筹了设计、建造、保护、运营等多方的利益和诉求，确保了项目推进过程中的多方协同和高效运作。这一举措使得项目在竣工不久即可投入实际运营，做到了城市更新项目从定位、设计、施工到运营的全流程一体化管控与交接。

三、设计与建设创新

重塑风貌 环境提升

该项目的修缮保护设计严格遵照真实性和最小干预原则，通过充分的历史研究和现场调研，并通过多次试样比选等方式，最终确定了针对各个保护要素的修缮技术措施。对于外立面石材、仿石墙面、泰山面砖等外饰面材料，设计团队根据不同部位、材质和污染损坏程度，分别采取分级分类的修缮工艺。主出入口正门曾有着以桥梁、丁字尺、三角板等元素构图、象征着工学院的铜制镂空装饰，保护工程进行了复制，恢复正门原貌的同时也彰显了建筑细部特征

和巧妙构思。此外，初建时西南侧原有的开阔绿地，后期遭到封堵，工程拆除了沿街用房，恢复了草坪绿地，形成向城市全天候开放的公园绿地和林下休憩空间，为历史建筑提供了开阔的展示空间。

格局保护 功能更新

项目内门厅、大礼堂、阶梯教室、绘图教室等重点保护空间，均保留了丰富的历史原物、格局和细节，这些精美的空间为承载展示、接待、交流等核心功能作出了巨大贡献。通过对历史图纸的分析，设计沿用了中走道串联主次空间的基本平面格局和楼电梯垂直交通，利用原礼堂大空间作为学术交流厅，利用天窗采光的三楼原绘图教室作为展厅，利用中楼与两翼间折角的非方正空间作为管井、卫生

图5 修缮后的大礼堂 许一凡摄

图6 原绘图教室，修缮后成为多功能厅. SFAP 摄

间等辅助用房，拆除了医院时期增加的隔墙，获得更加灵活的办公和工坊空间。设计团队在任务书制定阶段的前期介入和沟通比选，确保了历史建筑的功能需求与保护要求可以并行不悖，为保护工程顺利开展奠定了基础。

设备隐蔽 提升性能

在历史建筑保护工程中，项目兼顾保护历史风貌与新增机电设备，以满足当代需求。特别是在重点保护空间内进行机电设备的隐藏，是一项极具挑战性的技术难点。根据建筑的对称平面和中走道特点，机电设计利用地下空间、中楼与两翼间的折角空间作为主要设备用房。设备管线沿中走道分别向两翼扩展，避免中心门厅和大厅的管线穿越。设置于各层中走道的机电管线采用侧喷淋、隐蔽式喷淋等方式为两侧房间提供消防保护，尽量减少其对室内环境的不利影响。

四、运营与产业创新

功能活化 产业升级

2020年末，运营单位研究院由上海市经济和信息化委员会、市教育委员会和虹口区政府联合对外发布。作为非营利创新服务机构，研究院致力于研究具有世界一流水平的设计创新及其转化，因此受到了北外滩集团的关注。在设计期间，北外滩集团就以咨询以及未来潜在运营方的身份介入了研究院的工作。在保护历史建筑价值的基础上，研究院结合当代新型科研机构的运营需求定向植入当代产业集群，为修缮方案提出了具体建议。

首层保留了原礼堂和车间，将其打造为生态汇聚区，承载"设计寰宇"等类型的生态平台；二层基于原空间分隔设置研发功能区，作为产业联合实验室及特聘专家工作室集群；三层被规划为设计创

图7 入驻研究院的创新生态 上海创新创意设计研究院提供

图8 2021年首届"设计寰宇"年度创意展 上海创新创意设计研究院提供

新孵化器，原图书馆被改为路演空间，原绘图教室变为展厅，多个专业教室则成为主题共创工作室，共同助力创新创意的落地转化；四层原教职工公寓改为内部办公区。从生态、研发到孵化的纵向功能分布，既映射了百年前雷士德在前沿工程领域开展人才培养的历史文脉，又隐喻当代新兴产业创新转化的生长历程。

品牌前置 社群先行

在硬件建设之余，本项目高效利用规划期、建设期组织重点事件和社区运营活动，赋能运营期的发展。修缮启动之际，研究院发布了"设计寰宇"生态品牌，并与北外滩集团联合主办了首届"设计寰宇"年度创意营。该活动汇聚了数百名专家学者、产业领袖以及创意人士，通过多样丰富的环节推广了设计创新理念，提前构建并培育了项目初始社群：多位与会者后来成为核心成员入驻团队。修缮竣工之际，第二届"设计寰宇"如期举办，广泛传播了项目愿景，更为项目的可持续运营打下了扎实的社群和品牌基础。

科技介入 产城共融

在城市更新历程中，物理空间不仅是产业升级的空间载体和文化符号，还能成为前沿科技的应用场景。项目在运营伊始便为入驻科研人员提供了研发机遇，这其中包括基于历史遗产的数字化需求，使用 AI 驱动的神经辐射场技术开展快速三维重建；基于历史遗产的传播需求，结合数字空间和大语言模型驱动的数字人，打造历史建筑可交互元宇宙体验；基于在节能改造方面的限制，开发以分布式无线智能硬件为基础的楼宇智控网络，提升节能减排效率等。这些研发探索均展示出城市更新与当代科研深度融合的巨大潜力。

五、结语

一个世纪前，亨利·雷士德先生在遗嘱中将这所当时最先进的工学院赠予了上海，这所院校为我国培养了大批顶尖专业人才，成为科技兴国、跨国交流的一段佳话；百年后，通过城市更新的创新实践，古老的建筑焕发新生，雷士德工学院旧址的文脉通过建设方的创新定位、设计方的有效保护以及运营方的悉心维护，得到了有效的传承和延展。它以全新的面貌回馈社会，体现出了在城市更新中实行一体化创新协同实践的优势。

实录

城市更新文化月

以可赏、可游、可触、可持续的方式，反复叙说城市更新。

202—213

[首个] 城市更新主题文化月

[首个] 实景环境城市更新主题展

[全球] 覆盖，国际院所参与，案例征集面向世界范围

[顶级] 阵容，城市更新专家顾问团云集七位院士、九位全国工程勘察设计大师、一位普利兹克奖得主、一位联合国和平大使等各界领袖

[多地] 联动，通过和各级政府合作，在中国大地上不间断地举办城市更新调研、论坛、评选，以期勠力同"新"，众志成"城"

2021年，"十四五"规划提出实施城市更新行动的当年，澎湃新闻开创性地举办一年一度的全球性城市更新大会，迄今，已走过一千多个日夜。三年来，这一极具权威性、专业度、影响力的城市更新IP，已发展为一个城市更新的"聚场"：它是专家的"聚场"、课题研究的"聚场"、全球城市更新样本及典型案例的"聚场"。

为践行人民城市理念，澎湃新闻以可赏、可游、可触、可持续的方式，举办国内首个城市更新文化月。2023年12月12日至2024年1月12日期间，在上海市规划和自然资源局、上海市静安区人民政府的支持下，在上海第一名园——上海张园，澎湃新闻举办了"共生·共享·共为——2023澎湃城市更新大会""甦生·再生·共生——城市更新主题展""《湃客Talk》年终特辑活动"，以及"城市更新，回归市民的日常""上海杰出建筑师的迎'新'方案"两场分论坛。文化月期间，多位院士、大师、名人曾出席系列活动，来自中央及各级政府、相关单位的58批代表团先后到展览现场参观、调研、考察。

本次活动举办地上海张园是首个澎湃城市更新示范区及澎湃城市更新大会永久会址。作为张园文化发展的战略伙伴和执行单位，上海硕风文化旅游（集团）有限公司全程参与了其文化规划和建设。

共生·共享·共为——2023澎湃城市更新大会

大会于2023年12月12日在张园W4栋举行，设有院士讲坛、文化讲坛、跨界对"Tan"、院长论坛、国际论坛、文化论坛等环节，中国科学院院士常青、中国工程院院士孟建民、中国文物学会会长单霁翔发表主题演讲，国际钢琴大师郎朗等作为论坛嘉宾分享精彩观点。

跨界对"Tan"

"每个城市都不一样，音色也不一样。不管是东方的建筑还是西方的建筑，和音乐都有直接的关系。"
——郎朗

"城市更新就是要展现现代人的多元和现代人的梦想、创造力，不是要一直附属于过去。"
——马岩松

院长论坛

"从新旧建筑的共生到城乡的共生,再到人和自然的共生,在这样一个过程当中,我们的概念是不断拓展、不断延伸的。" ——李翔宁

"城市更新的关键在于如何把所有人与其生活的环境,从家庭到社区、到街区、到城市,甚至在更大的范围里面组合起来,从而形成一个新的系统、新的生态。" ——牛斌

"当前的城市更新设计要跳出传统设计的思维,用一体化理念来打通城市更新全产业链路径,按照投资、运营逻辑,将运营策划前置,围绕场景营造开展项目的策划、设计、建造、招商和运营。" ——吴鸣

国际论坛

"城市更新并不是空间建好了,再想着往里面装内容,而是先有人,再有空间,这才是做城市更新项目的核心。" ——娄永琪

"城市空间的尺度需要差异化,从而吸引具有不同兴趣点的人群,实现空间的多样化拓展。"

——朱文琦

"一定要把可持续性和与自然的融合放在城市更新的首位,因此治理就显得非常重要,特别是应更多地从政府治理的角度去切入城市更新。"

——马睿思 Marius Ryrko

"对于城市更新来讲,建筑师除了把物理的空间搭建出来,如何填补里面的内涵和核心才是一个重要课题。城市更新的受众应该满足全龄化、全民化。"

——薛芸

"要听从社区和社群的声音。建筑师和设计师需要感知力,了解别人所处的环境,设计出既能够满足经济可行性,同时也能够满足人们需求的作品。"

——阿尔多·西比克 Aldo Cibic

文化论坛

"城市更新成功的核心有两个:第一是坚持,它要求一个城市,坚持十年甚至几十年以上,甚至百年的不断更新;第二是从人出发,思考为谁而建、吸引谁到城市来。"

——刘子力

"一个空间中内涵的精神和文化是永久的。有着一百年历史的张园需要继承海派文化过去的百年精华,同时把中国文化、海派文化弘扬出去。"

——时筠仑

"每个人都有权按照自己的想法去做城市更新,但首先应该确定城市风貌和城市个性的基调。"

——宋照青

甦生·再生·共生——城市更新主题展

展览于 2023 年 12 月 12 日—2024 年 1 月 12 日在张园 W7 举行,中国科学院院士常青撰写序言,同济大学建筑与城市规划学院院长任策展顾问,设有"箴言—集纳城市之师,融聚更新之策""探索—将智识与创见写入城市""简史—城市在,更新就在""丰碑—全球城市更新经典案例""示范—相信榜样的力量""课题—不能忘却的现当代"六大展区。

"甦生·再生·共生——城市更新主题展"启幕〔从左至右:上海市静安区副区长李震,上海市静安区委常委、宣传部部长莫亮金,上海报业集团副社长、澎湃新闻党委书记兼董事长丁波、上海静安置业(集团)有限公司董事长时筠仑〕

院士、大师打卡城市更新主题展〔从左至右:同济大学建筑与城市规划学院院长李翔宁、中国科学院院士常青、中国工程院院士孟建民、全国工程勘察设计大师张杰〕

箴言—集纳城市之师，融聚更新之策

位于展馆 1 楼核心区域，以丛林般的立柱展示澎湃城市更新专家顾问团关于城市更新的真知灼见。城市无所不容，实施城市更新行动，须聆听城市各个行业领袖的"箴言"。他们中有几乎全程参与 1949 年以来中国建设迄今为止整个历程的首届"梁思成建筑奖"获得者、中国工程院院士魏敦山，有普利兹克奖海外得主汤姆·梅恩，也有积极推动大运河申遗、澳门历史城区申遗的中国文物学会会长单霁翔。他们以丰富的经验与独特的视角提炼出更新理念，对今天的城市更新工作具有重要启示。

简史—城市在，更新就在

位于展馆 1 楼，以时间轴的形式回溯城市更新在世界各国以立法形式大规模推进的历程，以及城市更新定义、理念、方式的不断演进发展。解读城市发展规律，回溯更新的"简史"，旨在告知公众：城市如同一个鲜活的生命体，更新是其永恒的状态和不变的主题。

探索—将智识与创见写入城市

位于展馆 1 楼，广邀国企大院、全球顶尖事务所、本土民营事务所共同"探索"。他们是全球地标的打造者，同时也是城市更新的先行者。包括：中国同行业中成立时间最早、专业最全、规模最大的国有甲级建筑设计院之一——中国建筑西南设计研究院有限公司；全国范围内高度排名前 15 的超高层建筑中，负责设计或参与咨询其中 11 栋的华建集团华东建筑设计研究院有限公司；全球最大的建筑事务所 Gensler 建筑设计事务所；深度参与德国鲁尔区更新的盖博建筑设计事务所；建筑领域全球化先驱之一——ARQ 建筑事务所；以 1998 年上海新天地为起点，深度参与上海旧城改造的日清设计。

丰碑—全球城市更新经典案例

位于展馆 1 楼，集中展示美国纽约高线公园、德国鲁尔区、卡内基音乐厅修缮改造等里程碑式的更新之作，凝望产业巨变、城市转身中的一座座"丰碑"。其中，卡内基音乐厅是由美国钢铁大王兼慈善家安德鲁·卡内基于 1891 年在纽约市第 57 街建立的第一座大型音乐厅，郎朗在卡内基音乐厅的演出堪称中国钢琴演奏史上的里程碑事件。

示范—相信榜样的力量

位于展馆 2 楼，通过连续三届年度榜单的汇总、发布、发现和传播近年来表现突出的城市更新实践，擢选其中代表，以展览的形式进行"示范"，发挥公众媒体的监督与激励作用。

课题—不能忘却的现当代

位于展馆 2 楼，城市更新背景下，保护现当代建筑是当务之急，也是我们的共同"课题"。历经数十年日新月异的发展，一些具有重要历史意义和文化价值的现当代建筑（1949 年至今）在城市大规模开发建设中未得到及时保护。2017 年，由上海市建筑学会发起，上海市城市经济学会、上海市规划和国土资源管理局、上海市房屋管理局和华建集团华东建筑设计研究院有限公司共同启动了《上海市优秀现当代建筑（1949 年至今）价值评估研究》的"课题"，澎湃新闻亦推出"复兴 49 后建筑"专题，并与上海市建筑学会携手，展示了 50 座在上海城市发展中具有重要意义的优秀现当代建筑，进一步推动现当代建筑进入公众保护视野。

"甦生·再生·共生——城市更新主题展"现场

分论坛一城市更新，回归市民的日常（从左至右：华建集团华东建筑设计研究院有限公司总建筑师丁顺，盖博建筑设计事务所国际执行总裁马睿思 Marius Ryrko，中国建筑西南设计研究院有限公司院副总建筑师刘刚，同济大学建筑与城市规划学院景观学系主任章明）

分论坛一城市更新，回归市民的日常

"城市更新"发展至今，更注重城市空间内容和社会结构的变化，已从纯粹的空间层面转向社会学意义上的更深层次，设计高质量的日常环境已成为城市更新的核心之一。2023 年 12 月 13 日，深度参与德国鲁尔区、上海杨浦滨江、中车成都机车车辆厂等工业遗产改造项目的几位设计师做客首场分论坛，分享了不同地域、不同空间尺度和不同时间跨度的城市更新实例，并以此为切入点，深入探讨城市更新如何以人为本，为市民营造高质量的空间。

"城市更新的核心在于我们如何能够对历史有交代，对人的行为有交代，对环境本身的特质有交代。从过去到当下，从'临江不见江'到'还江于民'，从封闭孤立的工业滨水岸线到老百姓日常生活的有机组成部分，它是一个整体的回应系统。"
——章明

"百余年来，鲁尔区已成为整个德国的重要工业区。我们对其城市更新的设计原则，是振兴那些标志性的工业遗产，并转换其功能，使它们重新融入居民的日常生活。"
——马睿思 Marius Ryrko

"城市空间就像大树一样，会慢慢成长、变老，而等它变老后，我们既不能把这棵树砍掉，也不能阻止它长新芽嫩枝。所以城市更新并不是一个完全的从旧到新的重复过程，而是一种有机的、渐进式的生长过程。"

——丁顺

"人是城市更新根本的出发点，城市更新是始终围绕人的幸福感和归属感来展开的一项事业。基于此，它应构建多方参与的对话平台、持续的发展机制，以及更有弹性的空间策略。"

——刘刚

分论坛—上海杰出建筑师的迎"新"方案 [从左至右：澎湃城市更新主理人鲁怡，华建集团华东建筑设计研究院有限公司总建筑师丁顺，上海联创设计集团股份有限公司集团副总裁万晓宁，同济大学建筑与城市规划学院教授李立，上海市建筑设计研究院有限公司总经理蔡淼，同济大学建筑设计研究院（集团）有限公司党委副书记邹子敬，华建集团华东建筑设计研究院有限公司总经理牛斌，华建集团华东建筑设计研究院有限公司首席总建筑师杨明，贝诺建筑设计咨询（上海）有限公司董事、上海公司负责人庞嵚，天华集团副总建筑师、上海天华总建筑师吴欣，上海水石建筑规划设计股份有限公司创始合伙人沈禾]

分论坛—上海市杰出建筑师的迎"新"方案

2024年1月2日，新年的首个工作日，上海市举行全市城市更新推进大会，以加快推动全年各项任务落地落实；2024年1月7日，新年的首个周日，"第二届上海市杰出中青年建筑师"中的10位建筑师共聚"澎湃城市更新文化月"，从执行层面，为这座迎"新"之城，献上来自杰出建筑师的迎"新"方案。

"充分融入共生理念,妥善处理传统与现代、传承与发展的关系,加强规划统筹,优化资源配置,改善人居环境,促进社区共建,推动城市有机体更新迭代,提高内涵式发展水平。"
——牛斌

"城市更新重在'更'上下工夫,不是抛弃一切,也不是继承所有,而是适应性共生、在地性焕新和可持续性创造。"
——蔡淼

"好的城市更新关注日常生活体验,能促进空间环境可持续地迭代改善。它十分考验设计师是否拥有平等清晰的历史观,以及是否真正在意人民群众对未来生活的美好憧憬。"
——杨明

"面对城市的整体性、系统性,用非线性思维聚焦城市规划与建筑设计的衔接融合,致力于公共建筑和群体建筑的研究实践,提倡关注建筑空间的'隐性'需求作为设计的出发点,专注于以城市的策略作为建筑空间创造的原动力。"
——邹子敬

"物质和非物质遗产是社会多样性和凝聚力的源泉,尽可能多地保留城市环境的原真性和连续性;谨慎地加入新的元素,甚至留白;通过空间的同构,把历史融入现实。"
——吴欣

"城市更新,是延续、是融入、是惊喜、更是日常。它需要将不同的生活、观念、态度、方式进行叠加,形成新与旧织补融合的有机图景。"
——丁顺

"我国大中城市的建设已经告别大拆大建式的粗放型发展阶段,精细化的、以人为本的城市更新正成为大势所趋,修复、织补、针灸、活化、再生等更新策略的实施将惠及每一个普通人的日常生活。"
——李立

"城市更新是系统性提升城市效率、空间品质、能级的重要手段。设计师在专业创造性以外,还需要有更强的包容能力、平衡能力、协调能力,并且从城市管理者、运营者、使用者等不同角色出发,去发现问题并解决问题。"
——庞嵌

"我们所赖以生存的城市空间,应当秉持可持续发展的建筑生态观,认真思考城市更新和建筑功能的发展趋势,以更为理性和谨慎的态度对待城市发展和都市更新。"
——万晓宁

"城市更新是多维价值导向下的共生共利。每一次城市更新都是一次提升城市竞争力和活力的机会。如何更好地分配资源,以触发城市产业和城市文化的发展,这是时代给予的挑战,也是需要坚守的设计目标。"

——沈禾